国家出版基金项目
NATIONAL PUBLICATION FOUNDATION

中国传统技术的新认知

张柏春 主编

# 指南新证

## ——中国古代指南针技术实证研究

黄兴 著

山东教育出版社

图书在版编目（CIP）数据

指南新证：中国古代指南针技术实证研究 / 黄兴著
. —济南：山东教育出版社，2020.4
（中国传统技术的新认知 / 张柏春主编）
ISBN 978-7-5701-0966-1

Ⅰ. ①指… Ⅱ. ①黄… Ⅲ. ①指南针—技术
史—研究—中国—古代 Ⅳ. ① TH75-092

中国版本图书馆CIP数据核字（2020）第012127号

ZHONGGUO CHUANTONG JISHU DE XIN RENZHI

ZHINAN XIN ZHENG
——ZHONGGUO GUDAI ZHINANZHEN JISHU SHIZHENG YANJIU

中国传统技术的新认知　　　　　　　　　　　　　　张柏春/主编

指南新证
——中国古代指南针技术实证研究　　　　　　　黄兴/著

主管单位：山东出版传媒股份有限公司
出版发行：山东教育出版社
　　　　　地址：济南市纬一路 321 号　邮编：250001
　　　　　电话：（0531）82092660　　网址：www.sjs.com.cn
印　　刷：山东临沂新华印刷物流集团有限责任公司
版　　次：2020 年 4 月第 1 版
印　　次：2020 年 4 月第 1 次印刷
开　　本：787 毫米×1092 毫米　1/16
印　　张：12.5
字　　数：230 千
定　　价：72.00 元

（如印装质量有问题，请与印刷厂联系调换）印厂电话：0539-2925659

# 总　序

近百年来，特别是20世纪50年代学科建制化以来，中国科学技术史学家整理和研究中华科技遗产，认真考证史实与阐释科技成就，强调新史料、新观点和新方法，构建科技知识的学科门类史，在许多领域都做出开创性的工作，取得了相当丰厚的研究成果，代表作有中国科学院自然科学史研究所牵头组织撰写的26卷本《中国科学技术史》，以及吸收多年专题研究成果的天文学史、数学史、物理学史、技术史、传统工艺史等具有里程碑意义的学科史丛书。然而，未知仍然远多于已知，学术研究无止境。仅在中国古代科技史领域就有许许多多尚未认知透彻的问题和学术空白，以至于一些学术纷争长期不休。

近些年来，随着文献的深入解读、新史料的发现、新方法的发展，学界持续推进科技史研究，实现了一系列学术价值颇高的突破。我们组织出版这个系列的学术论著，旨在展现科技史学者在攻克学术难题方面取得的新成果。例如，郑和宝船属于什么船型？究竟能造出多大的木船？这都是争论已久的问题。2011年武汉理工大学造船史研究中心受自然科学史研究所的委托，以文献记载和考古发现为基本依据，对郑和宝船进行复原设计，并运用现代船舶工程理论做具体的仿真计算，系统地分析所复原设计的宝船的尺度、结构、强度、稳性、水动力性能、操纵性和耐波性等，从科学技术的学理上深化我们对宝船和郑和下西洋的认识，其主要成果是蔡薇教授和席龙飞教授等撰写的《跨洋利器——郑和宝船的技术剖析》。

除了宝船的设计建造，郑和船队还使用了哪些技术保证安全远航？下西洋给中国航海技术带来怎样的变化？自然科学史研究所陈晓珊副研究员以古代世界航海技术发展为背景，分析郑和下西洋的重要事件及相关航海技术的来源与变化，指出下西洋壮举以宋元以来中国航海事业的快速发展为基础，船队系统地吸收了当时中外先进的航海技术，其成果又向中国民间扩散，促成此后几个世纪里中国航海技术的基本格局。这项研究成果汇集成《长风破浪——郑和下西洋航海技术研究》，这部专著与《跨洋利器——郑和宝船的技术剖析》形成互补。

北宋水运仪象台被李约瑟赞誉为世界上最早的带有擒纵机构的时钟。关于苏颂的《新仪象法要》及其记载的水运仪象台，学者们做出了各自的解读，提出了不同的复原方案。有的学者甚至不相信北宋曾制作出能够运转的水运仪象台。其实，20世纪90年代，水运仪象台复原的重要问题已经解决，也成功制作出可以运转的实用装置。2001年，台南的成功大学机械工程系林聪益完成了他的博士论文·《水运时转——中国古代擒纵调速器之系统化复原设计》。该文提出古机械的复原设计程序，并借此对北宋水运仪象台的关键装置（水轮-秤漏-杆系式擒纵机构）做系统的机械学分析，得出几种可能的复原设计方案，为复原制作提供了科学依据。

指南针几乎成了中国古代发明创造的一个主要标志。王振铎在1945年提出的"磁石勺-铜质地盘"复原方案广为流传。然而，学术界一直在争议何时能制作出指南针、古代指南针性能如何、复原方案是否可行等问题。人们质疑已有的复原方案，但讨论主要限于对文献的不同解读，少有实证分析。2014年自然科学史研究所将"指南针的复原和模拟实验"选为黄兴的博士后研究课题。他将实验研究与文献分析相结合，通过模拟实验证实：从先秦至唐宋，中国先贤能够利用当时的地磁环境、资源、关于磁石的经验知识和手工艺，制作出多种具有良好性能的天然磁石指向器，这一成果被写成《指南新证——中国古代指南针技术实证研究》。

宝船仿真设计、下西洋航海技术、擒纵机构复原设计和指南针模拟实验研究等新成果值得推介给学术界和广大读者，以丰富和深化我们对科学技术传统和文明演进的认知，并为将来重构科学技术史添砖加瓦。当然，这些成果还存在这样或那样的不足，敬请广大读者不吝赐教。


张柏春

2020年1月8日

于中国科学院中关村基础园区

# 目 录

# 引 言

古代指南针实证研究是一个很有趣的课题。

很多人小时候都玩过磁铁，都曾为它不用直接接触就可以产生吸引、排斥作用的奇妙现象而着迷。经过现代磁学理论的解释，日常所见的磁现象都褪去了神秘的色彩。但在古代，围绕着磁现象曾发生许多精彩的故事。

公元前7—前6世纪，中西方各自独立发现了磁石互相吸引、排斥和吸铁等现象。磁石的奇妙现象让古希腊和中国的先哲们费解和迷惑，他们不约而同地认为磁石是有灵魂的。中国的方士们探索出多种与磁性有关的技术，其中包括指南针。

指南针借助地球磁场对磁体产生的力矩以指示方向。从汉代文献记载来看，方士们可能已将磁性指向技术运用在招魂等礼俗活动中，与当时盛行的天人关系理论相呼应。古人将指南针用于迷途指向和堪舆的确切记载见于唐代文献。至迟到北宋，指南针开始用于航海，终于派上了大用场。

在指南针用于航海之前，远距离的跨海航行主要靠观星导航，是一件很困难的事情。唐代鉴真和尚应邀去日本，六次东渡才得以成功；日本遣唐使也经常因航向不准无功而返。指南针用于航海，极大地提高了跨海航行的成功率。宋代经济繁荣，与亚欧其他文明国度之间有大量的贸易往来，也得益于指南针为航海增添了导航工具。指南针逐渐西传到阿拉伯世界和欧洲，对航海发展乃至世界格局的演变都产生了影响。马克思在《机器。自然力和科学的应用》中高度评价道："火药、指南针、印刷术——这是预告资产阶级社会到来的三大发明。火药把骑士阶层炸得粉碎，指南针打开了世界市场并建立了殖民地，而印刷术则变成新教的工具，总的来说变成科学复兴的手段，变成对精神发展创造必要前提的最强大的杠杆。"（马克思，1978）

　　指南针源自何时，古代指南针性能如何？这些都是学术界非常关注且至今还在争论的问题。在19世纪末，《自然》（*Nature*）等刊物曾发文讨论古代指南针的起源等问题。当时的学者常将指南针与指南车混淆，认为古代文献记载的黄帝大战蚩尤时制造的指南车就是最早的指南针。20世纪初，学者们开始严肃探讨这个问题时，有日本学者提出磁性指南针的确切文献记载只能上溯到北宋，但多数人对此并不认可。张荫麟提出王充《论衡》中的"司南"应是当时最新发明的磁性指向器，其他先秦文献中的"司南"可能也是此类器物。王振铎通过文献研究和模拟实验，提出"磁石勺-铜质地盘"复原方案；并先后用磁化钨钢、天然磁石制成勺状司南，证明其确实具有指南功能。这一成果引起广泛的社会反响，王振铎所制司南的图形常常被当作中国古代科技发明的象征。李约瑟就此认为"中国磁罗盘的历史，近来由于王振铎的研究而彻底改写了"（Needham，1962）[230]。但有人认为《论衡》中的记载不够明确，其他人也未用天然磁石再度复原此物。自20世纪50年代，"磁石勺-铜质地盘"开始受到质疑并断断续续延续至今，尤其是近几年，否定的呼声似乎越来越大。不过，否定者的论据经不起推敲，其实验的科学性很不够，尚不足以将王振铎的方案证伪。

　　迄今所知对指南针的明确描述出现在公元9世纪中期，即唐代晚期。《酉阳杂俎》《雪心赋》中明确提到用铁针与磁石摩擦磁化的方法制作水浮式指南针。到北宋时期，有关指南针的文献增多，如《梦溪笔谈》中记载磁石摩擦磁化法和指南针安装方法，《武经总要》中的"鱼法"记载水浮式指南鱼的制法，《萍州可谈》等多部文献中记载指南针用于航海导向。江西临川南宋墓中先后出土了3件执罗盘俑，清晰展现了堪舆所用旱罗盘（也称干罗盘）的形貌。宋代以后，磁石用于幻术、游戏的事例在古文献中依然屡见不鲜，磁石仍然具有神秘色彩。关于《武经总要》中的"鱼法"记述的指南鱼磁化问题，目前学者们普遍认为是指南鱼被加热到居里温度以上，利用地磁场的热剩磁（thermoremanent magnetization，简称TRM）效应而磁化。本研究通过实验证明事实并非如此。另外，指南针用于航海的文献记载比文献对指南针的确切描述晚了大约两个世纪，甚至更长时间。这与当时指南针的功能是否有关系，值得从技术角度进行分析。

　　综上所述，"四大发明"中的其他三项都有系统性研究，有多部学术专著问世，而指南针研究却陷入了困境。这表现在：对一些重要问题长期争议不下；对有些问题的认识似是而非；不少问题虽已取得共识，但这些认识之间互相孤立，没有贯通，也有待深入挖掘。例如，关于司南，屡有文章史实不清，常识不够，臆测出一些不恰当的结论。研究者们对什么是磁石一直存在误解，严重束缚了本领域研究；也有人对什么是磁石提出异想天开的解释，一些媒体未能辨别真假就广泛传播。这一研究现状容易引起大众对古代指南针的认知混乱，影响人们对中国古代科技成就的正确认识和评价。

笔者认为解决这些难题的关键是要改进研究理念、创新研究方法。为了解决古代指南针"是什么"的问题，我们可依托已有的史料开展创新性实验研究，确定古代技术在功能上可实现的范围，得到定性乃至定量的认识。为了回答"为什么"的问题，需要对各种古代技术细节进行深度剖析，梳理其源流脉络，比较其优劣短长，结合古代的社会、人文背景，找出演化关系，尽力把历史讲通透。

一直以来，学者多认为指南针的复原与模拟实验属于物理学史的研究范畴。事实上，古代指南针研究涉及的学科背景很广，不是简单的物理问题。本研究的关键是找到合适的磁石，这需要一定的野外调查经验；所需背景知识涉及岩石磁学、铁磁学、古地磁学、电磁学等学科门类；已有的实验和检测手段不足以支撑实证研究，需要加以拓展，又涉及机械加工、电工等技术领域；历史资料的整理又涉及古文献、文物以及传统手工艺等。因此，古代指南针研究是一个综合性非常强的跨学科课题。

笔者本科学习物理学专业，博士研究生期间从事古代钢铁技术史研究。2014年7月，进入中国科学院自然科学史研究所博士后流动站工作，合作导师张柏春研究员提议笔者以古代指南针的复原和模拟实验作为选题。笔者经过多方寻找，幸运地采集到了稀见的具有较强天然剩磁（natural remanent magnetization，简称NRM）的磁石，综合利用不同学科知识，阐释磁石的形成机理和特性；模拟古代技术条件制作了磁石勺，探索和比较其他磁石指向器的可能性方案。为了定性认识磁石的磁矩（magnetic moment，符号$M$）在加工过程中的变化趋势和程度，笔者独立研制了磁石磁矩测量装置，对磁石磁矩变化进行定量检测。笔者还通过引入古地磁场演变背景，制作古地磁场模拟装置等，在相应历史时期地磁环境下进行指南针指向性实验。在《武经总要》的"鱼法"模拟实验中，意外发现了该种指南鱼的正确磁化机理，在前人研究中被忽略的"铁钳"才是"鱼法"得以成功的关键；再结合古文献记载，重新认识其工艺内容。笔者在进行磁针摩擦磁化实验时，借助金相检测分析手段，又设计了磁针磁矩检测方法，用实验数据揭示了材料和工艺对性能的影响方式和程度。综合这些实证结论，结合古代指南针相关社会背景，笔者分析了指南针演变的技术和社会因素，以期全面认识中国古代指南针技术。

　　本书的少量内容已作为文章单独发表。文章发表后，笔者和学界同仁又不断交流有所提升，再结合自身近年来关于古代指南针其他发现和思考写成了本书。笔者从事古代指南针研究的时间尚短、积累有限，本书的写作目的在于与读者及时交流笔者在实证研究方面取得的进展和一些思考，期待与大家一道推进本领域研究。

# 第一章
## 古代指南针前人研究及本书的思路

从19世纪末算起，百余年来，先后有数十位学者对古代指南针的原理、复原、应用和传播做了很多卓有成效的研究工作。这些研究闪耀着智慧的光芒，也不乏热烈而精彩的讨论。学者们研究古代指南针的过程本身就是一部值得书写的历史。笔者在这本书中开展的工作或得到的结论，很多都是针对前人提出过的想法铺开来进行实验和分析而得到的，所以有必要把前人的工作写在前面。

## 第一节　对指南针起源的研究

在中国古代，除了指南针（罗盘），人们还利用星辰、表影等方法测定方向，也有关于指南车的记载。指南车对指南针起源的认识产生过一些干扰，如南宋学者金履祥在《资治通鉴·前编》中解释古文献中记载的黄帝大战蚩尤所造的指南车"或曰车上用子午盘针以定四方"（金履祥，1986）。今天我们认为古代指南车是一种机械机构，在车辆转向时，它利用两个车轮的差速来驱动指南车上的指向机构转动并始终指向南方。近代学者也曾将此两者混淆，例如：1876年和1891年出版的《自然》上有文章将黄帝时代的指南车误认作最早的指南针；英国汉学家翟理斯（Herbert Allen Giles，1845-1935）在1906年发表的文章中也一度持此观点，1909

年又撰文改过（Herbert，2009）；1924年，章炳麟在《华国月刊》上发表"指南针考"，也没有将此两者区分开（章炳麟，1924）。最早认真探讨这个问题的是日本学者山下，他依据当时已知的文献记载认为：汉唐文献只记录磁石吸铁，北宋沈括《梦溪笔谈》始论磁石指极性，及北宋朱彧《萍洲可谈》始见其应用，故指南车不可能是磁性指南针，指南针应是宋代以后发明的。他的文章目前只见到中国学者文圣举翻译成中文的版本（山下，1924）。文圣举并不赞成山下的观点，而是意在传播国外学术观点，他认为文献记载只能作为时间下限，除了机械式指南车，不能排除存在过安装磁性指向器的指南车。德国汉学家夏德（Friedrich Hirth，1845-1927）考察了中国古代十余种文献，认为《古今注》《韩非子·有度》等记载的司南为指南车（Hirth，1928）。

1928年，张荫麟（2013）发现东汉王充《论衡·是应篇》有"司南之杓，投之于地，其柢指南"（王充，1991）[274]的说法，认为其中的"司南"是当时最新发明的磁性指向器；先秦文献《韩非子·有度》记载了"先王立司南以端朝夕"，《鬼谷子·谋篇》记载了"郑人取玉，必载司南，为其不惑也"，这两处的"司南"很可能也是磁性指向器。

20世纪40年代，王振铎（1948a，1948b，1948c）在张荫麟观点的基础上，依据《论衡·是应篇》的记载，结合其他史料，提出了"勺形司南-青铜地盘"复原方案。同时，也对宋代出现的磁针式指南针、指南龟、指南鱼做了复原，考察了明代以后水罗盘的构造，其研究后来收入个人论文集《科技考古论丛》（王振铎，1989）[50-218]。

勺形"司南"的复原广为人知，但社会对此争议也非常多。古代的司南究竟是不是天然磁石勺？天然磁石勺能不能有效指南？甚至王振铎当年是否制作了天然磁石勺都有人提出了疑问，可谓科技史领域最大的悬案之一，需要详述一下。

根据王振铎本人的记述，他先后做了多次试验。1945年在四川李庄开展初始试验，所用磁性材料有两种：一种是取云南所产的磁石，再用导电线圈人工充磁；另一种是人工磁化的条形钨钢。将这两种磁体分别放在球面玻璃皿上，再分别置于平面玻璃、光滑的铜和大理石板面上进行试验，发现它们具有一定的指向性，但准确性不如现代指南针。在此基础上，他锻造勺形钨钢，用导电线圈磁化，置于铜盘上进行指向测试。40次指向结果误差都保持在 ±5° 左右的范围内。抗战胜利回到北平后，王振铎从武安磁山获得磁性较好的磁石，委托工匠制成勺状磁体，其中个别勺体用铣床加工。这些磁石勺大都具有良好指极性。磁石勺的外形以西汉末至东汉初（与王充同时代）朱黑漆勺为原型，地盘依据西汉末至东汉初栻占地盘残部以及清刘心源《奇觚室吉金文述》中所述汉代青铜地盘复原。

由于尚未发现古代磁石勺的实物，王振铎将此复原定位成比较考究的可能性复原方案，并坦承"未发现原物以前，姑以古勺之形体充之，以征验其究竟"（王振铎，1948a）[236]。由于条件限制，王振铎无奈于"惜无合宜之量磁仪器，用测其磁性"（王振铎，1948a）[239]，未能对磁石勺的性能进行科学测量。

勺形司南复原方案被广为传播，反响巨大，其图形逐渐被视作中国古代先进科技的标志。1952年出版的《毛泽东选集》（毛泽东，1952）脚注中，编者引王振铎的观点，解释战国文献记载的司南就是最早的指南针。1954年，国际科技史刊物*ISIS*发表李书华（Li，1954）的文章，引介了王振铎关于司南在内的古代指南针复原工作。该复原在李约瑟的《中国科学技术史》（*Science and Civilisation in China*）（Needham，1962）[261-268]和《中国科学技术史·物理学卷》（戴念祖，2001）[408-409]等有广泛影响力的科技史著作中都得到认可。李约瑟还补充指出苏黎世里特堡博物馆（Museum Rietberg）收藏的公元114年汉代画像石上的勺状物可能是磁石勺司南（Needham，1962）[PLATE CVX]。

有文献记述，20世纪50年代末文化部将一枚司南勺赠送古巴，60年代初中国科学院地球物理所赵九章所长到瑞典讲学带走2枚（林文照，1987）。中国历史博物馆（今国家博物馆）一度将该模型作为现代复原方案进行辅助性展示。1952年，李约瑟来华曾与王振铎讨论过司南模型（王国忠，1992），并在《中国科学技术史》第四卷第一分册（*Science and Civilisation in China*，Vol. IV：1）一书的脚注中记述其观看过王振铎及其助手演示司南，指向效果很理想（Needham，1962）[267]。

王振铎在1949年后制作的磁石勺如今尚存3枚，还留存一整块磁石和一个片状磁石，由其后人保存。这3枚磁石勺在王振铎1989年出版的《科技考古论丛》中有展示（王振铎，1989）[图版5-6]。林文照曾用其中3、4号勺做指向测试，效果良好（林文照，1987）。承蒙王振铎后人慨允，笔者对这些磁石勺和同批矿石做了拍照（图1-1）和测试。其中，3、4号磁石勺指向效果很好，确如林文照文章所言。但这两枚磁石勺尺寸较小，所用磁石的解理非常复杂，表面有明显坑洼，品相不佳。其中4号勺体为半球壳状，轮廓非常规则，加装木柄，可能系用铣床制造。另外无编号的一枚磁石勺尺寸较大，材质与3、4号显然不同，加工精致，表面光滑，但磁性不佳，不具有指向性能，且勺柄有断裂后黏合的痕迹。剩余的整块磁石上吸附着几枚大头针，片状磁石两端极性显著。

（自左上至右下：3号勺、4号勺、无编号勺、整块磁石、片状磁石）

图1-1　王振铎制作的磁石勺及剩余的磁石

　　1952年郭沫若率中科院代表团访问苏联，欲以磁石勺作为礼品，托钱临照重制未果，便用磁化钨钢代替。有人常以此质疑磁石勺指南的可行性。此事只见于传闻，尚未见到亲历者的陈述，细节不详。笔者根据磁石勺现状分析认为，若磁石勺不指南，郭和钱就不会以此为礼物授人以柄，贻笑大方；钱临照作为第一版《中国大百科全书·物理学卷》物理学史分支学科主编，也不会在"指南针"条目下保留此说。王振铎磁石勺的可行性在当时有目共睹，但品相不佳，未能作为国礼。钱临照短时难以找到好磁石，权以钨钢代之，系折中之举。这在当时看来并无不妥，但日久天长，信息散失，易被片面解读；特别是国家博物馆将其撤展后，王振铎的磁石勺长期未能公开，加重了人们的疑虑和误解。

　　20世纪50年代起，学者们围绕中国古代是否曾将磁石加工为指向工具这一问题，从古文献学、考古学、古代天文学和力学等角度做了反复讨论，争论持续至今。焦点在古文献中"司南"含义、天然磁石指向器是否具有实用性这两点上，就此基本形成三类观点。

第一类，古文献中的司南并非磁性指向器，而是另有所指；唐宋时期发明了具有实用价值的人工磁化指南针。

1956年，刘秉正首先对司南的磁石勺指向器之说提出了质疑，认为《论衡》所讲的司南是北斗七星。其中，"杓"指斗柄三星（衡、开阳、摇光），"柢"指勺底两星；"司南之杓，投之于地，其柢指南"应解释为"当北斗柄指向地面（北方）时，勺底两颗星的连线指南"（刘秉正，1956）。1986年起，刘秉正又发表多篇文章进一步阐述其观点：《韩非子·有度》中的司南应解释成法律；《论衡》、北魏温子升《定国寺碑》①、梁代吴均《酬萧新浦王洗马诗二首》②，唐代韦肇《瓢赋》③等记载的司南只能解释成北斗；唐代元稹《加裴度幽镇两道招抚使制》中的司南应是官职；宋代释正觉《颂古》"妙握司南造化柄，水云器具在甄陶"中的司南应是权力；唐代宋昱《獬鹰赋》"守法者仰之以司南，疾恶者投之於有北"中的司南是法律，这些词意都来源于北斗。其他文献中的司南可引申为时间（杜甫《咏鸡》中的司南）、德高望重的人以及指导准则等，含义也源于北斗（刘秉正，1986，1995，2006）（刘秉正 等，1997）（刘亦丰 等，2010）。

刘秉正提出已知的历代古籍中相关部分，如杂物、奇器、巧艺、方术、舟车、舆服、军器等篇章中，均无磁石勺记载，特别是航海和方术方面；而实用价值不大、加工更困难的指南车却屡见不鲜；到了人工磁化时代，指南针未及成熟就用于方家，不久便多有记载，很快用于航海。因此，"司南创立于汉代"，"从战国末期到唐代，司南累被文献所载，历代亦累有制造"等观点曲解文献原意。刘秉正认为西汉《淮南万毕术》中"磁石悬井，亡人自归"的记载是古好事者杜撰，淮南王及其门人信而记之，后人随之；虽悬磁石的确可能发现其指极性，但后期的发展也应顺着悬或浮的方式制作出更易制作、更准确些的线悬或浮针式的磁性指南器。但这两种安装方式直到公元11世纪沈括《梦溪笔谈》中才提到。刘秉正由此认为磁石悬入井"显然隐含了磁石指极性的特点"和"正是磁指极性的早期认识"等观点似与实际情况不符（刘秉正，2006）。此外，刘秉正提出唐代戴叔伦《赠徐山人》"针自指南天宇宽，星犹拱北夜漫漫"诗句表明磁性指南针可能发明于公元8世纪（刘秉正，1986）。闻人军曾向笔者指出《赠徐山人》为明代刘崧作品，系清人辑《全唐诗》时误录。今存《戴叔伦集》以明活字本为最早，讹误严重；明代胡震亨曾做去补；清代辑

---

① 《定国寺碑》："幽隐长夜，未睹山北之烛；沉迷远路，讵见司南之机。"
② 《酬萧新浦王洗马诗二首》："独对东风酒，谁举指南酌。"
③ 《瓢赋》："挹酒浆则仰惟北而有别，充玩好则校司南以为可。"

《全唐诗》时又照抄旧本，以至此误。现代学者蒋寅据诸家之说重做鉴别（戴叔伦，2010）。

刘秉正重复了王振铎的磁铁矿石指向性实验，但其过程非常简单。他用电磁场饱和磁化的方式制作了7个磁铁矿样品，4个条形，3个勺形，N、S端的表面感应强度（简称表磁，符号$B$），为38～92 Gs之间，用玻璃皿（曲率半径1.9 cm）支撑，静置在玻璃板或铜板上进行测试。结果显示条形磁棒都有一定的趋极性，但差别较大，多数样品偏向南北的角度在20°～40°之间，一个勺形无柄者可任意放置。据此，他认为"磁性矿物指南工具的论据还远不充分"（刘秉正，1986）。对于勺形方案，刘秉正认为汉代未见铣床，用汉代的加工技术可能会使磁性损失更大，不能保证那时司南的实用性。他曾委托玉器厂将几块自己采集的铁矿石加工成勺形和条形棒，结果多有断裂，因此认为由于材料的硬度、脆性、解理等因素，加工成勺形的难度很大。他还据文献资料认为中原地区地磁场的古今差别不超过30%，对指南性能影响不大（刘秉正，2006）。

孙机在其多篇文献中提出古文献记载的司南应该是指南车。他依据前北平历史博物馆旧藏残宋本《论衡》写作"司南之酌"，认为今本的"杓"字为"酌"之误，应解释为使用；《论衡》的"司南"为指南车，"其柢指南"之"柢"非指勺柄，而是指南车的横杆（孙机，2006）。近年来，有文章引用孙机等人的说法，认为王振铎的司南勺未曾在中国历史博物馆展出，进而怀疑王振铎的磁石勺不能指南，甚至是不存在的。

其实关于残宋本《论衡》的写法，黄晖在1938年出版的《论衡校释》中已然注意到这一点，并发现朱宗莱校元本也作此写法。他认为这样写是错的。黄晖还发现早于残宋本的《太平御览》卷七六二引作"司南之勺，投之于地，其柄指南"，而卷九四四引作"司南之杓，投之于地，其柄指南"。他据《说文解字》的解释"杓，枓柄也"，"枓，勺也"，"勺，所以把取也"，认为卷七六二引"杓"作"勺"，将语意改变；卷九四四将"柢"作"柄"，是语意重复，故不宜从《太平御览》写作"勺""柄"，今本的"杓""柢"没有错。对"司南"的解释，黄晖未曾深考，只是引"知者"之说"'司南'谓指南车也"（黄晖，1990）。黄晖的工作提供了文献考据线索，但未对司南进行深究。

第二类，先秦文献"司南"是日影测向技术（工具）或其他，而《论衡》司南为最早的磁性指向器。

刘洪涛指出中国古代定向方法存在三个阶段：西周前，以日中时影或由北极、南斗粗略判定南北；至迟在春秋中期时，以表测日影定东西，另以日中或北极确定的南北向作为参考方向；以司南或指南针定南北。魏晋南北朝时有"战国以上有指南车"的记载，不可忽视；其法可能于车上立木杆，用测日影之术判定南北，或称为司南；《韩非子》"先王立司南以端朝夕"即此法，而非指南针定向；后来，利用自然景物迅速而粗略辨向之法不断增多，这种指南车已无存在的必要。东汉时，古法指南车久已失传，但机械制造技术大大发展，张衡首先把它改制成纯机械结构，而其指南可靠性却降低了。以后的指南车外形都保留了车上竖木杆的形式，并非必要，而是古法指南车制的痕迹。墨家不谈磁石，研究较深入的是西汉以后的方士。神仙家真正兴盛起于东汉后期，故指南针的出现是在东汉，最早不过西汉武帝时，即在公元前1世纪到公元1世纪之间（刘洪涛，1985）。

吕作昕等指出西晋杨泉《物理论》引《鬼谷子》也作"必载司南之车"，说明这句话在当时人所共知，《鬼谷子》所言"司南"为利用齿轮装置的机械式指南车；《韩非子》记载的"司南"为圭木或臬木测定方向的"土圭测影法"，其法最早见于《周礼·考工记·匠人》，详见于北周甄士鸾释汉徐岳《数术记遗》转引古代《狐疑经》所作介绍。王充于司南之后另加"之杓"，即明示有别于韩非时代的司南（吕作昕 等, 1994）。

程军认为：《韩非子》"司南"指先王之法，人臣须早晚朝见；王充《论衡》"司南"是将磁石置于瓢形木勺中，使其南极与勺柄同向；崔豹《古今注》中多处提到"指南车""司南"，但含义不同，易混淆，其中"周公治致太平……皆为司南之制"可能源于其以前的书或传说，其"司南"之意与《韩非子》中的相近，而后句"使者迷其归路，周公锡以文锦二匹、軿车五乘，皆为司南之制，使越裳氏载之，……使大夫宴将送国而还，亦乘司南而背其所指"中之"司南"即指南车。程军认为是崔豹本人理解错误，将司南与指南车混为一谈，该错误正可能始于此（程军, 2007）。

李志超认为王振铎以"杓"为勺，曲解"投"字，也没考虑后面语句。应将《论衡》断句为："司南之杓，投之于地。其柢指南，鱼肉之虫集地北行。夫虫之性然也。今草能指，亦天性也。"将其解释为："司南的勺柄可以拆下来，随手投到地上，如果万一杓的柢（根）指了南，虫子们就会按其自然之性'集地北行'。"李志超认为王充的这句话没有科学根据，是信口说的，此处的司南可能是指南车，不必是磁性器件；磁石勺加工过度，外形不合磁学优劣标准，磁矩大减，柄端粗圆，不利于读数，即便能指南，精度也远不及瓢形司南。李志超认为《瓢赋》"挹酒浆则仰惟北而有别；充玩好则校司南以为可"（欧阳修，1975）是横切葫芦取其下半，放入未加工的磁石，以水浮法指南北，以此校正司南（李志超，2004a，2004b）。

第三类观点支持古文献中的"司南"均为可实用的磁石指向器，并对第一类观点做了回应。

林文照认为《论衡》"司南之杓"讲草、虫等事物的本性，星辰的指向是天象，如果将司南指南释为北斗指南，与前后语境不协调；用斗底连线指南，缺乏历史依据。认为刘洪涛将《韩非子》"先王立司南以端朝夕"中的司南解释为测日影木杆，臆测因素多，缺乏说服力，也不是指南车。王振铎对《论衡》中司南的考证是正确可信的，后来所发现的有关资料仍可支持司南是杓形磁性指向器的结论；《韩非子》与《论衡》中的司南不是同一种东西的证据不足。汉代已有栻占地盘，《论衡》"司南之杓，投之于地"的"地"，即"地盘"，这为杓形磁性指向器的使用提供了条件。因此，可以得出杓形磁性指向器在战国时期就已出现的结论（林文照，1986）。

林文照还用当年王振铎制作的2枚磁石司南（当时存于中国历史博物馆）做了指向性试验，结果表明有97.5%的概率指南或基本指南，2.5%概率异常（林文照，1987）；并检测了这两枚磁石杓磁头、磁柄的表面磁感应强度。文章认为这两枚司南具有良好的实用性。此外，林文照以江苏仪征汉墓等地发现与司南外形接近的漆木杓（王勤金 等，1987）为例，说明王振铎复原方案用到的朝鲜乐浪漆木杓并非孤证，在汉朝内地也有使用。对此结果，刘秉正认为王振铎所用样品磁性极好，且林文照的试验地点"北京"地磁强度为295 Gs，大于长春的262 Gs（刘秉正，1995）。实际上刘秉正所说的北京、长春两地地磁强度数据是错误的。前面对古今地磁场差别不超过30%的说法也是笼统和欠妥的。但这也给我们提供了一些思路，即古今地磁场强度、地区差别究竟有多大？这些因素对磁石杓指南是否构成影响？笔者对此做了考察和实验，获得了重要的新发现（详见第三章第四节及第四章）。

戴念祖发表多篇文章支持中国古代有磁石指向器之说。他认为《宋书·礼志》引《鬼谷子》作"必载司南"，而今本《鬼谷子》作"必载司南之车"。此"司南"与"司南之车"属不同的两件事物，后者为机械之属，前者或则为磁性指向器。他认为若将《论衡》"司南"解释为北斗，前后文语意相差悬殊；将《韩非子》"司南"解释为官职，而周秦汉唐未见此职；将"司南"作"北斗"之别名，未见于历代典籍或天文志。针对孙机的论述，他引用了黄晖的观点，认为"酌"为误字，造成叠句；将"柢"训为"碓衡"，引申为"横杆"，推为"司南车上木人指方向的臂"是没有依据的；且指南车首见于西晋崔豹《古今注》，讫刘宋祖冲之试制成功，东汉制作齿轮系的指南车超出了当时的技术背景。他提到，当年钱临照虽未能制成磁石司南，但钱并未否定《论衡》"司南"为磁性指向器，仍在《大百科全书·物理卷》中肯定了司南；虽然王振铎曾将《淮南万毕术》"磁石悬入井中，亡人自归"斥为失于"怪、力、乱、神"，但学术认知和研究理念都在进步，今天可视之为将科学加以方术包装的典型事例（戴念祖，2004）。

戴念祖对司南的加工方案做了较深入的探讨。他认为余杭良渚时期、安徽含山凌家滩公元前2500年墓出土玉器的复杂器型和加工工艺，足以表明汉代人切割磁石的充分可能性；认为只要有一定数量的金刚砂，依照良渚玉器的片、线切割方式，完全可以将一条形磁石切成勺状；切割极其耗时，不会有强烈震动以致退磁；又援引宋代《圣惠方》的记载[①]，指出磨光和中心打孔并不会影响磁性；提出司南勺如果加工为粗坯，仅将勺底打磨光亮，勺内不必挖凹，勺柄加工为细条状，这样容易加工，指向性好（戴念祖，2002）。

潘吉星认可《韩非子·有度》《鬼谷子·谋篇》《论衡·是应篇》中的司南及《汉书·王莽传》中的占杙是磁石指向器。他认为王振铎的地盘应该简化，去掉二十八宿，保留了八干、十二支、四维构成的二十四方位；磁石勺体型过大，应当勺小、柄短、体轻，外形以带柄的中空半椭球状为宜，建议地盘大小10 cm见方，勺长约3 cm，从而便于携带（潘吉星，2002）[329-330]。

李强认为《韩非子·有度》中的司南是当时的辨向器，今本《鬼谷子·谋篇》虽为晋人伪托，但可与《韩非子》中的记载互为佐证，"载司南之车"，非指南车，也不是车上载车，《论衡·是应篇》则揭示了司南的形状。此三条文献互相印证了司南为辨向工具，且只能是磁性指向器。有观点把司南解释为北斗、官职、表车（笔者注：车上安装圭表），都不正确。三国至唐宋，指南车断断续续被制作，而司南因其制作和使用的弊端，逐步消逝，仅其名词留存，后人常将之与指南车混用（李强，1993）。为了回应近年来的质疑，李强专门发表文章对当初王振铎复原磁石勺司南及其在中国历史博物馆（今国家博物馆）展出等很多细节做了澄清（李强，2016）。

---

①《圣惠方》记载："治小儿误吞针。用磁石如枣核大，摩令光，钻作窍，丝穿令含，针自出。"

# 第二节　对磁罗盘的研究

唐宋以后的文献记载了多种形制的人工磁化指南针。对于人工磁化指南针的出现时间，学者们主要研究如下。

19世纪末，伟烈亚力（Alexander Wylie，1815—1887）提出唐代一行已经习知地磁偏角。一行用指南针与北极比较，发现指针在虚、危之间，北极正在虚座六度处，磁针右（东）偏二度九十五分。但伟烈亚力并未列出文献依据（Wylie，1897）。

早期研究多依据《武经总要》《梦溪笔谈》中对"鱼法"和指南针的记述，认为人工磁化指南针的最早证据应该在北宋前期的11世纪。

20世纪40年代，王振铎提出《武经总要》"鱼法"的磁性源于人工磁化。《武经总要》未记载传磁之法，可能是撰者直接引文未加思索，或有意保密；熟铁矫顽性较低，鱼形铁片当用薄钢叶制作；淬火只是加强钢铁硬度，与获得磁性毫无关系；正对南北方向淬火，是古人为了附会五行理论；"密器"可能内置磁石，保存指南鱼的同时继续磁化。王振铎设计的"鱼法"复原模型形象地模拟了黄河下游常见的鲤鱼，盛水的碗采用宋代平底碗。此外，王振铎还绘制了北宋《梦溪笔谈》指南针"水浮""指甲旋定""碗唇旋定"以及"缕悬"四种安置方法图；绘制了南宋《事林广记》"指南鱼""指南龟"的设计图（王振铎，1948b）。

20世纪50年代，刘秉正提出《武经总要》"鱼法"的磁化利用了地磁场的热剩磁效应。他认为铁片被烧红，温度达到铁的居里点（770 ℃）以上，变为顺磁体，沿南北放置，被地磁场磁化，冷却后形成热剩磁。铁片"没尾数分"顺应了地磁场方向，最大程度予以利用，而不只是地磁的水平分量。刘秉正用缝衣针做了多次试验，将针插软木塞浮于水上，有指南北的效果；蘸水和缓慢冷却效果相同，前者更快捷（刘秉正，1956）。此说得到了广泛的认可和引用，成为目前主流观点。

1992年，李强认为热剩磁不足以驱动鱼形铁片指南。他用锯条做了模拟实验。锯条长6 cm、宽1 cm，碳含量0.65%～1.35%，插在泡沫塑料上浮于水面。锯条分别用家庭火炉、电炉加热到700 ℃左右淬火，两端表面磁场强度测不到或很低，仅有

3～11 Gs，没有指南迹象；用磁石摩擦磁化，锯条两端表磁为16～18 Gs，指南效果很差。文章还提到中国历史博物馆曾用中碳钢制作鱼形浮子，电炉加热到700 ℃淬火，首尾磁场强度4～11 Gs，无指极性。李强判断，中高碳钢高温淬火获得的热剩磁不足以克服水的表面张力而指极，磁石摩擦可以轻易使钢片具有指极性，因此认为《武经总要》"鱼法"是先通过高温淬火获得少量磁性，然后放在置有磁石的盒内封存，不断传磁，与近代"养针法"大体一致（李强，1992）。但该文章似乎没有受到学者注意，未见引用。

潘吉星将王振铎设计的《武经总要》"鱼法"盛水装置细化，采用木胎髹漆盘体，中间是铜质圆筒状天池，绘制图标出圆形盘面的二十四方位；鱼形铁片外形不必如真鱼，使得磁畴分布更均匀。潘吉星也绘制了《梦溪笔谈》四种指南针安置方法示意图；《事林广记》中指南鱼磁石安装位置在木鱼重心偏上，针必须短小，且不必弯折（潘吉星，2012）[344-346]。

潘吉星根据汉代至宋初的文献记载，如《论衡》中提到磁铁吸针，西晋崔豹《古今注》中提到"悬针"和"玄鱼"，唐末《管氏地理指蒙》中用磁针指向等，认为汉晋以后人们已经开始探索用磁针代替磁石制备指南针，在唐以前可能存在三种指南针安置方法，即悬针法、水浮法和支架法（枢轴法）（潘吉星，2004）（潘吉星，2012）[116-146]。

王振铎认为罗盘文献记载可追溯到南宋，堪舆与罗盘发生关联也不早于南宋，所以黄帝或玄女发明罗盘，丘公正针、杨公缝针和赖公中针之说皆为附会；针位堪舆之学明代始盛，清代渐繁，晚清式微（王振铎，1948b）[125]。王振铎详细考察了多部明清水旱罗盘，依据文献认为明代罗盘制作磁针都使用磁石进行人工磁化。由于没有固定轴，磁针容易晃动，且水的表面张力易使磁针歪斜，航海逐渐放弃水罗盘，改用自外传入的旱罗盘（王振铎，1978）。

江西临川南宋墓出土两件张仙人俑（1198年入葬），其左手均持一罗盘（图1-2）（陈定荣 等，1988）。闻人军提出这是最早的罗盘模型，并根据磁针中部增大呈

图1-2 江西临川南宋墓张仙人俑
（闻人军，1990）

菱形，中央有一明显圆孔，说明采用轴支撑结构，进而判断这一模型属于旱罗盘，猜测它与指南龟之间或许存在借鉴关系（闻人军，1988，1990）。

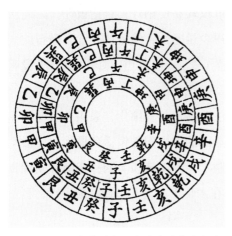

图1-3　唐末《九天玄女青囊海角经》"浮针方气图"（佚名，1934）

潘吉星等认同丘公正针、杨公缝针和赖公中针分别为唐中、唐末和宋代形成之说，认为至迟在唐代已出现堪舆用的水罗盘，且已发现地磁偏角；从《九天玄女青囊海角经》"浮针方气图"（图1-3）中对罗盘面正针和缝针的记载，判断9-10世纪之际，中国堪舆师已经用磁针代替磁勺作为指南仪器的磁体；同时，方位盘也从方形向圆形过渡。潘吉星等对江西临川南宋庆元四年（1198年）墓出土张仙人俑上罗盘形象进行复原，认为旱罗盘至迟在南宋已出现，而非明代以后受欧洲影响而产生（潘吉星，2004）。

## 第三节　指南针的演变、应用和传播研究

中国古代指南针主要用于水陆交通、堪舆等领域。商贸旅行和人口迁移是指南针外传的主要载体。已有研究主要通过梳理这类文献记载，考察了古代指南针的应用和传播状况。

王振铎认为堪舆辨方位早期使用土圭，南宋始用罗盘，所传黄帝、周公、郭璞、一行等发明罗盘均为附会，不足为信；盘面二十四方位的分法源于汉代，宋代以后堪舆对汉代栻占地盘没有具体认识，所以有先天和后天罗盘的争辩。自地磁偏角被发现之后，先后兴起正针、缝针和中针的说法，所以堪舆术论及磁针方位不早于南宋。堪舆用罗盘以宋代为盛，当时只有水罗盘，旱罗盘是明代以后受欧洲影响才发展起来的（王振铎，1948c）。

林文照总结认为，中国古代磁性指向器的发明经历了战国时期的司南勺与地

盘，以及至迟北宋中期的磁针与圆盘两个阶段，现代磁针组与浮盘则是12世纪传到欧洲后发展而成。古代两个阶段的发明都满足了实践机会、社会需要和技术可能三个条件。方位盘的配置经历了从粗略到较精确的过程，第一阶段司南借用了栻占用盘，第二阶段水罗盘挖水池、圆改方等技术复合现象在古代很普遍（林文照，1985）。

吕作昕等在前人研究的基础上，提出更明确的分期概念：第一代磁性指南针始于战国，采用悬挂方式；第二代即汉代司南；第三代为晋代以后的指南鱼、指南船；第四代为唐代指南浮针和浮针式"水罗盘"；第五代是宋代旱罗盘。他们还认为磁偏角最早在唐代已经发现（吕作昕 等，1994）。

关于指南针（罗盘）应用的研究主要有：

潘吉星梳理了宋代以来指南针用于航海的文献记载，主要见于北宋朱彧《萍洲可谈》（1119年）、徐兢《宣和奉使高丽图经》（1124年），南宋吴自牧《梦粱录》（1274年），元代周达观《真腊风土记》（约1312年）、佚名《海道指南图》（约1331年）、佚名《大元海运记》与汪大渊《岛夷志略》，明代茅元仪《武备志》收录"自宝船厂开船，从龙江关出水，直抵外国诸番图"、巩珍《西洋番国志》（1434年）、张燮《东西洋考》（1618年），清代徐葆光《中山传信录》（1720年）、周煌《琉球国志略》（1757年）等。潘吉星认为宋元航海多使用水罗盘是出于使用习惯，当时的旱罗盘结构有待完善；旱罗盘西传后在欧洲取得较大发展，回传后，中国清初将其用于航海（潘吉星，2002）[349-359]。

王冠倬对船用水罗盘的装置及使用方法做了研究，认为《真腊风土记》"行丁未针"并非磁针指向，而是以磁针指向为基线而定的辅助方向盘上的丁未方向线。他认为清代《江苏海运全案》记载船舶导航使用的上盘即磁针罗盘，下盘即辅助方位盘（王冠倬，1989）。

王从好、周翰光考察了《古今注》《管氏地理指蒙》《九天玄女青囊海角经》《疑龙经》《雪心赋》《针法诗》等古代堪舆著作中关于指南针发明和应用的早期史料，并做了解释和考证（王从好，2006）。

关增建认为从11世纪开始古代磁学理论大都是从阴阳五行学说出发，结合当时人们对大地形状的认识而展开的。万历年间，来华传教士带入了西方的指南针理论、地球学说以及相关的科技知识。受其影响，中国学者开始从新视角探讨指南针理论，阴阳五行的作用被淡化了，从力学角度做的分析增加了。传教士中，南怀仁的指南针理论最为系统，虽仍然局限在古代科学的范围，并非吉尔伯特的磁学理论，但影响深远（关增建，2005）。

关于罗盘的称谓，华同旭的研究对此做了补充。他考证古文献中的"旁罗"，可能是用于天文定向的指南针。该词最早见于《史记》，其后南朝梁陆倕《新刻漏铭》、晋陆机《漏刻赋》及明清文献中偶有提及（华同旭，1995）。

关于指南针的国际传播研究：

闻人军认为江西临川南宋罗盘采用16分度，否定了早先学界所认为的16分度为西方盘式、24分度系中国所固有的观点。他还根据清人记载荷兰船用旱罗盘的16分度，指出这可能是研究指南针西传的线索（闻人军，1990）。

潘吉星整理了国外文献记载，指出阿拉伯人在1232年已经使用磁化的鱼状铁片浮于水面指南，在1399年出现了用磁化铁针借木鱼浮于水上的文字记载。大约1190年欧洲有记载使用磁针导航航海，1200年意大利北部开矿时曾用过磁针，13世纪罗盘在欧洲已经普及，使用的磁针穿麦秸的水罗盘有针状和鱼状两种外形，与中国形制相同。1250年以后，法国实验物理学家皮埃尔·德·马里孔特（Pierre de Maricourt，1224-1279）的系列研究使得欧洲对磁学和罗盘的利用进入新阶段。1492年，哥伦布在发现美洲的过程中也发现了磁偏角。朝鲜在15世纪初开始使用坤舆罗盘；17世纪，荷兰商人和中国商人同时将罗盘传入日本（潘吉星，2012）[116-146]。

此外，李晋江根据西方最早使用的罗盘也是以鱼片状铁叶作为磁针，与《武经总要》中记述的"鱼法"相近，提出可能指南针是在13世纪时从泉州经由阿拉伯传到西方（李晋江，1992）。

李约瑟注意到了由于磁偏角变化引起不同历史时期的建筑朝向也发生变化，以此反证出能够精准指向的指南针的发明时期，并推测地磁偏角的演变。李约瑟在研究中国古代指南针的同时也介绍了国外的线索，例如在1597年关于航海的书中提到的如果没有能够长期保持磁性的钢针，每艘船上还必须携带磁石及时给钢针充磁（Needham，1962）[311-314]。

中美洲墨西哥境内原住印第安人曾以天然磁铁矿雕刻成人像、动物像及日用品。墨西哥维拉科鲁洲的奥尔梅克出土物中发现了一块公元前1400—前1000年的条状磁性物，有研究者据此提出印第安人在中国人之前发明了指南针（Carlson，1975）。这一观点引起了轰动，但有学者指出该条状物的用途尚不明朗，即使能指南也是孤证；墨西哥尚未发现指南针技术的完整发展序列，印第安人发明指南针的说法不足以成立（戴念祖，2002）。

# 第四节　本书的思路与主要内容

本书的写作目的是解决当前古代指南针研究中待解的技术性问题，在此基础上对古代指南针的演变进行探讨。本书的内容和结构编排都围绕这一定位而进行。

学者们对中国古代指南针的研究已经有百余年，积累深厚。笔者广泛收集了前人资料，梳理各家观点，厘清共识和争议点；考察了古文献与磁石和指南针有关的知识、活动以及文化和思想背景；选定了要开展的研究方向和突破点。

笔者认为，当前研究的难点在于缺乏考古资料和文献记载支持，因此适宜开展实证研究，以系统化、规范化和定量或半定量化的实验结论和数据来解决一定历史条件下的技术可行性问题，消除在这些方面的争议。诚然，符合历史条件的技术可行性只是历史上真实存在的必要条件之一，并不等于古代真的如此。但在史料不足以支撑历史研究的情况下，只能选择从技术可行性角度开展实证研究。并且，即使史料足以支撑基本结论，我们也可通过实验分析和对比，对技术细节进行剖析，对技术演变取得深入认识。

古代指南针实证研究是本书的核心内容，与前人的古代指南针研究相比，最有新意并且取得了显著进展。

笔者发现，前人对"什么是磁石"这个问题的认识还有待深入，磁铁矿和磁石并非完全等同的关系，两者大有差异。笔者引用多学科知识和理论回答了什么是古人所讲的磁石，磁石如何形成，它与人工磁铁相比有何特殊性能等问题；仔细梳理了铁碳合金的磁学特征及规律；引入近两千年来地磁场演变的知识和数据，为指南针实证研究铺平了道路。

诚如前人研究所讲，开展古代指南针实证研究还面临技术手段不足的问题。现代磁学解决的是一般性问题，并不针对某一种特殊物品或技术。天然磁石勺、磁针等特殊形状或天然材料物品的磁矩既没有现成数据，又缺乏必要测量手段。对此，笔者独立研制了磁石磁矩测量装置、古地磁场模拟装置等，设计了磁针磁矩测量方法，满足了古代指南针研究所需的精确度，获得了领域内专家的认可。

笔者开展了大量的磁石资源野外调查工作。现代钢铁冶金领域关注的是铁矿石的化学成分和矿石类型，很少关注剩余磁性这一物理性质，因此在矿冶领域少有与天然磁石相关的资料可用。笔者到武安磁山等地多方寻找，最后在河北龙烟矿区找到了具有较高天然剩余磁性的磁石，终于得到了开展古代指南针实证研究的钥匙。

笔者用扫描电镜、手持式X射线荧光衍射分析仪（XRF）、高精度高斯计等仪器对磁石样品进行分析。通过开展吸铁实验，证明本批磁石的吸铁性能与古文献记载的上等磁石相当。按照古代工艺水平，将磁石加工为勺形，在各个时代地磁强度下、各种粗糙度平面上进行指向测试，发现其均具有良好的指向性。对磁石勺的磁性持续检测一年以上，发现其磁性减少非常轻微。设计并开展了多种磁石指向器指向实验，终于得到了关于天然磁石指向器技术可行性的确切结论。

关于唐代后期出现的铁质指南针，其技术可行性不存在争议，问题在于对其加工工艺、产品性能和某些指南针的磁化机理认识不足或存在偏差。笔者开展了多种铁质指南针摩擦磁化实验，获得了一些重要的数据和认识，为指南针技术的演变研究提供了依据；进行了热剩磁指南鱼磁化机理系列实验，发现长期以来广为流传的对《武经总要》"鱼法"磁化机理的认识是有待商榷的，其机理并非利用地磁场，而是另有玄机。

基于实验结论，笔者结合古代相关知识和文化思想等要素，对古代各种指南针技术进行比较，发掘其演变的技术发展逻辑；对历史文献重新解读，分析其演变的社会因素，揭示古代指南针的制作工艺、发展源流和文化背景，以期充分挖掘指南针这一古代重大科技发明的历史价值。

# 第二章
## 古人对磁石的认识及应用

　　论指南针必先论磁石。中国古代制作磁性指向器，绝大多数情况下离不开磁石（唯一的例外是北宋《武经总要》的"鱼法"）。指南针是古人对磁石开发和应用逐渐累积的一个重要成果。磁石对于指南针的起源和演变研究具有极其重要的价值。

　　中国古代对磁石性质最了解、对磁石的应用下功夫最多的是方士群体。自先秦起，方士们持续探索、不断革新，开发出多种利用磁性的产品，指南针即为其中最成功的一种，也因此获得了多种收益。对方士而言，磁石的价值胜过宝石。

　　最近几十年，学者们从中国古代文献中发掘出大量关于磁现象的描述、应用的文字记载，内容涉及矿冶、磁石特性、中医药、幻术等；也积累了很多对古代方士群体的研究成果。细细解读这些资料，可以看到围绕磁石和指南针的源流、演变和应用存在一个宏大的历史背景，这为磁性指向技术的发明和应用提供了知识与思想基础。

## 第一节　古代中西方对磁石的认识

　　目前关于人工磁石制品的考古发现可上溯到公元前1400—前1000年。中美洲墨西哥境内原住印第安人曾以天然磁铁矿雕刻成人像、动物像及日用品。在墨西哥维拉科鲁洲的奥尔梅克出土物中发现了一块条状磁性物（Carlson，1975），但其用途未明。对磁石的文字记载可以追溯到公元前7—前6世纪。这一时期，中西方各自独立发现了磁石的磁现象。

磁石可以产生相互吸引、排斥等现象，对古人而言是一种非常奇妙的材质。磁力属于场力，不需要磁体直接接触就可以产生，其大小、方向仅由空间位置决定。这与人们在日常生活中对力的感受有显著区别。虽然我们也受到重力，即万有引力的作用，也属于场力，但它是与生俱来，且无时、无处不存在的。在古人的知识经验中，并不觉得人或物体有重量是什么稀奇的事情，至少在牛顿以前，人们对重力的关注并不突出。而磁石作为一种稀见的天然材料，具有完全不同于日常所见的力的作用方式，很容易引起人们的关注和思考。尽管在古代知识背景下磁石的这些性质不太好理解，但人们还是用已有知识尽力对磁现象进行解释，努力将其拉进已有的知识体系中，并将其作为已有知识理论的例证或知识生长点。

公元前6世纪，泰勒斯以万物有灵来解释磁石吸铁；阿那克萨哥拉也发挥了这种见解，把一切运动都归之于心灵或灵魂的作用。公元前5世纪，恩培多克勒、狄奥根尼和德谟克利特也曾提及磁石。公元前1世纪的卢克莱修描述了磁石在一定距离内吸铁，被吸的铁也产生吸力，并可保持一段时间；也描述了磁体互相吸引和排斥现象（梅森，1980）[25]。

英国牛津大学学者皮埃尔在1269年前后写了一本关于磁力实验的著作，提出研究磁学的人必须"勤于动手"以改正认知上的错误。他把磁石制作成一个圆球，用铁针检测其磁性，发现了磁子午圈。皮埃尔提出了磁极的概念，还认知到一根磁针断为两半后，每一半又都变成一根磁针。他认为磁针指向北极星，而不指向地球的北极。这些观点对后来的研究者有一定影响。

西方在公元16、17世纪之交，有多位学者做了大量磁学实验，提出了各种观点，形成了对磁现象探索的活跃期，并为之后磁学和电学的发展奠定了基础。陶培培（2014）对此进行了专门研究。

英国人罗伯特·诺曼（Robert Norman）是伦敦的一个退休海员和罗盘制造者。他在1581年出版的《新奇的吸引力》（*The Newe Attractive*）中谈到磁针从中间吊起来稳定后，不但指向北方，而且跟水平面也会形成一夹角，即现代地磁学概念中的地磁倾角。他把磁化前后的铁屑称重，否定了磁性有重量。他发现磁针受地磁力仅转动到南北向，而不是向南方或北方移动，从而得出地磁力只是一种定向力（力矩），而不是运动力。他也讨论了地磁偏角的地区性差异，并非如有些航海的人所认为的固定不变。他还强调了实验研究、理性分析对于研究的重要性。

英国伊丽莎白女王的御医威廉·吉尔伯特（William Gilbert of Colchester，1540-1605）在公元1600年发表《论磁石》（*De Magnete*）。他也制作了球状磁石，在上面标注了磁子午线。他还证明如果磁石球表面不规则，其磁子午线也是不规则的，由此设想罗盘针不指向正北是由大块陆地所致；进一步设想地球是一块巨大的磁球而且自转，地球的磁力一直伸到天上并使宇宙合为一体，引力就是磁力。科学史学家认为吉尔伯特和诺曼的工作是工匠学问和学术知识结合的范例，是用实验方法探索自然界和从理论上解释自然界这两者结合的范例（梅森，1980）[129-130]。

类似于吉尔伯特和诺曼的工作在中国古代是缺乏的，或者说是不及的。但中国有自己的特色，历代有很多文献对磁石做了较为详细的描述，取得了思辨的认识，也有很多特殊应用。

在公元前7世纪前后，《管子·地数》（管子，2015）[442]中引用伯高对黄帝的讲话：

> 上有丹砂者，下有黄金。上有慈石者，下有铜金。上有陵石者，下有金锡赤铜。上有赭者，下有铁。

其他早期文献也有不少对磁石的描述。

《山海经·北山经》（佚名，2007）记载：

> 灌题之山，其上多樗柘，其下多流沙，多砥。……匠韩之水出焉，而西流注于泑泽，其中多磁石。

《鬼谷子·反应篇》（鬼谷子，1985）记载：

> 其察言也，不失若慈石之取针，舌之取燔骨。

《吕氏春秋·季秋纪·精通》（吕不韦，1986）记载：

> 慈石召铁，或引之也。树相近而靡，或附之也。圣人南面而立，以爱利民为心，号令未出，而天下皆延颈举踵矣，则精通乎民也。

注曰：

> 石铁之母也。以有慈石，故能引其子。石之不慈者，亦不能引也。

对磁力的不寻常力的现象，历史上也不乏有人对此进行思考、解释和引证。

《关尹子·六匕篇》（尹喜，1985）记载①：

---

① 关尹子即函谷关令尹喜，被尊为楼观派、文始派祖师。司马迁《史记》记载老子的《道德经》即受其邀请而作。随后尹喜便辞官，与老子一起西行筑庵讲道，深得老子之学。刘向谓："喜著书凡九篇，名关尹子。"《汉书·艺文志》著录《关尹子》九篇，旧题周尹喜撰。

枯龟无我，能见大知；磁石无我，能见大力；钟鼓无我，能见大音；舟车无我，能见远行。

西汉《淮南子》（刘安，2010）[282]记载：

若以慈石之能连铁也，而求其引瓦，则难矣。物固不可以轻重论也。夫燧之取火于日，慈石之引铁，蟹之败漆，葵之乡日，虽有明智，弗能然也。

《淮南子》（刘安，2010）[536]还记载：

物固有近不若远，远不如近者。今日稻生于水，而不能生于湍濑之流；紫芝生于山，而不能生于磐石之上；慈石能引铁，及其于铜，则不行也。

《论衡·乱龙篇》（王充，1991）[248]记载：

顿牟掇芥，磁石引针，皆以其真是，不假他类。他类肖似，不能掇取者，何也？气性异殊，不能相感动也。

清人《广阳杂记》（刘献廷，1957）进一步讲：

磁石吸铁，隔碍潜通。或问余曰："磁石吸铁，何物可以隔之？"犹子阿孺曰："惟铁可以隔耳。"

早期文献多将磁石写作"慈石"。古今学者多认为"慈"含母性慈爱之意，以形容对铁的吸引。其实最初用"慈"命名磁石的本意还可进一步探讨、挖掘。

"慈"字首见于金文，上半部为"兹"，下半部为"心"。"兹"既是声旁，也是形旁；"兹"又以其下半部"丝"为声旁和形旁。在甲骨文中，"兹"与"丝""滋"是通用的。"兹"有如积丝成缕般渐生渐长之意。如《说文》："兹，草木多益也。"《吕氏春秋》："今兹美禾，来兹美麦。"故"慈"有子女在父母关爱下生长的含义。对磁石而言，在自然堆积状态下，其表面吸附了大量含铁矿屑，前后连接，有序排列，如丝如缕，状若生毛。这种描述也屡屡出现在宋代以后的医书中。笔者野外考察所采集的磁石也是如此（见本书第四章第一节）。故最早以"慈"为名，与磁石表面矿屑有序排列的外观形象也是相对应的，也有表形之意。其后改用"磁"字，则保留并突出了磁石的外观表象，去掉了感情色彩成分。这样就准确把握住了磁石的本质特征。

《管子》一书记载了管子的言行，似其弟子所为，成书年代尚未定论，但其内容为公元前7世纪所发生之事。黄帝所在时代尚没有冶铁技术，显然这句话是伪托伯高之言。但此文献至少反映了公元前7世纪中国人已经认识到了"慈石"与"铜金"的共生关系。

王振铎认为《管子》中的"慈石"应当为磁硫铁矿，即磁黄铁矿（$FeS_{1+x}$）（王振铎，1948a）[142-143]。我们知道，部分磁黄铁矿可以表现出吸铁、互相吸引或排斥的显著磁性，符合古人对磁石的鉴别标准（见本书第三章）。而常与之伴生的黄铁矿（$FeS_2$）具有浅黄铜色和明亮的金属光泽，常被误认为是黄金，又称"愚人金"。尽管也有说法认为此处的"慈石"系黄铜矿（$CuFeS_2$），但笔者认为解释为磁黄铁矿更为合理。

《管子》中出现对磁石的描述也反映了古人对磁石的认识与冶铁技术在中国的出现和发展紧密相关。

中国商代就开始用陨铁制作兵器和礼器，但数量极少。已发现的最早人工冶铁产品出土于甘肃临潭磨沟公元前14世纪时期的墓葬，属于块炼渗碳钢制品（陈建立等，2013）。中原地区发现的最早人工冶铁制品是河南三门峡虢国墓地所出的玉柄铁剑（M2001）、铜骹铁叶矛（M2009）和铜内铁援戈（M2001），前两者属于块炼渗碳钢制品，后者为块炼铁制品，年代为西周晚期（约公元前8世纪）。稍后，中国人很快发明了生铁冶炼技术，建造高大的竖炉，通过强力鼓风提高炉温，铁被还原出来后又渗碳变为液态；在炉料中添加助熔剂，使矿石中难熔的二氧化硅等变成液态渣；液态渣铁由于密度不同而自动分层，分别排出炉外。这样就可以连续、高效地生产生铁，然后再将生铁铸造成各种铁器，通过退火、脱碳等处理提升其品质。已知最早的生铁制品是山西天马曲村出土的两件铁器残片，分别为过共晶和共晶白口铁材质，年代为春秋早期和中期（约公元前8—前7世纪）。自此以后，铁器得以大量生产和使用。

磁石即属于铁矿石，也可以吸铁。冶铁技术从源头和产品两端共同推进了古人对磁石的认识，而中国古代对磁石的文献记载也基本始于这个时期。

# 第二节　磁石用于方术

从文献记载来看，先秦两汉的方士群体与磁石的应用有密切关系。他们利用磁石的磁性开发出了一些特殊器具。这与磁石磁性的早期开发利用，以及指南针的起源和演变存在重大关联。

## 一、方士及方术的由来

关于古代方士、方术及其影响的研究已经有不少专著问世。如顾颉刚1935年形成讲义、后又出版的《秦汉的方士与儒生》（2012），吕锡琛《道家、方士与王朝政治》（1991），李零《中国方术正考》（2006a）、《中国方术续考》（2006b），孙英刚《神文时代：谶纬、术数与中古政治研究》（2015）。一些综合类著作中有不少章节论及于此，如《中国文化发展史·先秦卷》（廖明春，2013）、《中国文化发展史·秦汉卷》（黄朴民 等，2013）。本书中，我们在综合前人研究基础上，重点阐述方士群体与磁石的关系。

方士是中国古代一个特殊群体，具有独特的行业知识体系和社会地位。他们在古代政权更迭、文化礼俗和科技发展等领域都扮演了重要的角色。方士的神学思想和各种方术的源头可以上溯到殷商时期的鬼神崇拜和巫术、神仙信仰等。

古代统治者往往将其统治的合法性建立在当时处于主流地位的知识上，让治下的子民相信，其统治不在于拥有暴力，而在于具有合理性，如受上天的指派、有鬼神庇佑、符合历史趋势等。统治者用官方的力量重新解释宇宙、自然和社会，让被统治者相信除他的统治之外别无选择。

殷商时期，在原始宗教的基础上，已初步形成了以上帝为中心的天神系统；形成了以血缘关系为基础，与宗法制度相结合的祖先崇拜观念；兴起了祭祀鬼神、祈福禳灾的各种仪式和巫术。巫、祝、宗等神职人员主持祭祀、卜筮等仪式并解释预兆。他们通过占卜以传达神意、预言吉凶，还担负着驱邪、降神、招魂、治病、求雨等职能。商王是最高的神职人员，称自己负有天命，借此发号施令，其很多重要臣子也是巫（廖明春，2013）[529-531]。法器、仪式和巫术知识是了解神意的必备条件。因此，青铜器、玉器、天室、甲骨、仪式、乐舞及卜辞的最终解释权也被神职人员所垄断。

周取代商以后，为了解释朝代更迭的法统合理性，周人称天命并非一成不变：商纣王暴虐不仁，失去人心，推翻商纣统治是上天奖善惩恶的表现。如《尚书》《诗经》常有此类表述（廖明春，2013）[517-520]。周的统治者进一步控制了对神意的解释权。不同于前朝的是，巫的职能从帝王身上分离出来，成为专门的神职人员。有人认为周公就是巫祝，他能为周王跳神治病，又有占卜的特权（郝铁川，1987）。此后，随着礼制的确定、法制观念的发展和社会文明程度的提高，神职人员也有进一步的分工和发展。巫的地位渐渐衰落，有的失去世袭职业而沦落民间，有的留在朝廷继续为君王效力。但无论在哪里，其所掌握的星占、卜筮等方术和与之相关的祯祥灾异、天命思想一直得到传承。

战国时期，燕齐一带的方士们异常活跃。有一部分方士便承自巫者。他们最初以海上神山仙人之说为主旨，将古代巫术发展而来的"天人感应"理论、古代"五行说"等自然哲学结合起来，形成了五德终始说、灾祥说和谶纬迷信等神学理论，迎合了当时的政治需要，并形成了多种派别。方士们的方术包括"数术"和"方技"两个方面。前者包括天文历算与占星候气、式法选择和风角五音、龟卜筮占、相术等；后者包括医学、服食、炼金、化丹、行气导引、房中术等（李零，2006b）[73-78]。其后传播渐广，内容杂芜，各种奇异、荒诞的方术层出不穷。

此外，一般认为燕齐海滨一带偶尔出现的海市蜃楼奇观与方士们海上神仙说有密切关联。海市蜃楼现象在当代也多有报道。由于光的折射和全反射，不知何处的楼宇、山峦、人群等景象在海上、天际时隐时现，确实能够引发人们很多遐想，很容易让古人理解为仙迹。这是燕齐一带能产生海上神仙说的重要地域性因素。

秦汉时期，方士文化相当兴盛，并与儒学紧密融合，焕发出了强大的生命力。秦始皇统一六国后，身边聚拢了很多方士。秦始皇本人也被方士们的言论所迷惑，渴望见到神仙，得到长生不老仙药。

先秦儒学的重点是探讨人际关系和社会问题，对天道鬼神等问题采取回避态度，即所谓"子不语怪力乱神"。这也就无法解决当时所关注的异于日常经验的诸多问题。汉初的统治阶层原本信奉黄老学说，主张"清静无为"。汉武帝时期，董仲舒将儒家君上臣下、仁政德化等政治理论主张与方家的思想结合起来，形成一种糅合了五德终始说、灾祥说、谶纬迷信的儒家政治理论，以儒家君臣父子、仁政德化观念和黄老道法自然、君道无为为宗旨的思想体系。这套理论很好地迎合了汉武帝加强专制王权、稳定封建秩序的政治需求。公元前134年，汉武帝推行"罢黜百家，独尊儒术"的政策。自此以后，各种祥瑞、巫蛊等谶纬之术在全社会盛行。汉武帝本人也曾被很多方士的言论所迷惑，其所为更甚于秦始皇。

东汉初，中元元年（公元56年），光武帝刘秀又"宣布图谶于天下"，其中有谶书《河图》《洛书》之属四十五篇，纬书《七经纬》三十六篇，把图谶作为定本公开，并用政治和法律予以保证。东汉研习谶纬形成广泛风气，谶纬被尊为"秘经"、号为"内学"、视为神学正宗，颇具权威。儒生争相附会谶纬，引用谶纬来解释儒经。"儒生方士化、方士儒生化"是对此情况最形象的描述。

针对汉代儒家的这一变化，柳宗元、朱熹等后世儒家学者将其归结为一种倒退。今人认为，在汉代的历史语境里，这正是儒家学说纳入其他知识成分，拓展自身生命力的体现。自此，方术在全国多数地区与社会各阶层产生了广泛而深远的影响，对秦汉宗教、学术、社会面貌、政治变迁发挥了巨大作用。

在秦汉及以后的很长时期，谶纬思想和天命观、五德终始说、灾祥说一直是社会主流的思想意识，方术因此具有深厚的社会思想基础，而且各种方术中不少是古人对自然、社会和人生的经验总结。有些方术利用了事物特殊的自然属性，显现出奇异的功能，有些幻术现在还没有圆满的解释，个别看似荒谬的方术也免不了碰巧应验。有研究者还认为，从心理角度看，在面临现实生活的困苦时，方术作为一种仪式，能够给在困难、犹疑或痛苦中的人带来心理满足、平衡或缓解（吕锡琛，1991）[43]。方士们也是看中了人的这种普遍需求。由于方术的种种功能，使人们对方士增添了神秘感和崇拜感，令其在朝堂或民间都有一定的发言权和迷信者。社会各阶层对方术还是持基本认可的态度，当然也不乏王充和范缜那样的朴素唯物主义者持一定的反对态度。

后来的统治者大都利用祥瑞或谶语为其登台制造神学依据，以表示上天授命之意；同时也对此表现出高度的重视和警觉，上台之后对曾经利用过的谶纬之学严加管控，甚至大兴禁剿，特别是北魏孝文帝和隋炀帝对此采取了大规模的毁灭性打击。但一种思想一旦成为社会主流意识，就具有了很强的生命力，难以短时间改变。直到宋代，新的儒学潮流兴起，将佛、道、谶纬等带有神秘色彩的内容都排挤出正统学术体系。五德终始说、谶纬、封禅等终于走向了末路，神秘论在儒学当中逐渐被摈弃了。

在这样的背景下，我们再来看方士与磁石的关联。

燕齐一带铁矿资源丰富。从已经发现的冶铁遗址、铁器产品和相关文献记载来看，这一地区是为冶金史领域所公认的先秦两汉时期重要的钢铁产地，这为磁石的发现提供了很多机会。燕山一带是我国重要的铁矿资源聚集地，笔者采集到的稀见磁石矿即产于燕国境内。太行山东麓沿线铁矿资源也很丰富，古文献中记载盛产磁石的磁山就在这里。虽然这一带当时属于赵国范围，但并不影响方士们从这里获取磁石。山东半岛的铁矿资源也很丰富，《管子》《国语·齐语》中对齐国的冶铁活动多有记载；在齐国故城等地发现多处大规模冶铁遗址，这里也是中国古代早期冶铁技术核心区域之一（张光明 等，2012）。

磁石具有迥异日常知识的种种特性，自然成为方士们关注的对象。文献记载，秦汉方士们利用磁石相互吸引、排斥和吸铁的特性开发了多种方术，将磁石的特殊性能利用起来，为磁石增添了很多神秘色彩。

但如前所述，古人经常接触磁石与冶铁技术的出现有密切关联，其时代当晚于公元前8世纪，即西周末年以后。春秋战国时期起，中国逐渐进入铁器时代，生产力迅速发展，社会文明程度显著提高，礼制基本确定，法制观念大为发展。巫的社会地位日益衰落，其群体随之分化。磁石这种材料虽然很特殊、神秘，成为新兴方士群体的"神器"之一，但已不能像甲骨、青铜器、玉器一样成为具有政治功能和专属性质的王者之器。磁石似有些生不逢时，但这也是技术与文明发展的必然结果，宛如一种命运的悖论。

即便如此，磁石在方士们手中还是发挥了不小的影响。古代文献记载了秦汉以来若干与磁石有关的事件。前人研究中对此已有引述，笔者将其置于当时的社会背景下，并与方士群体联系起来，细细品读，挖掘出更为丰富、精彩的内容。

## 二、阿房宫磁石门

《三辅黄图》[①]描述秦代阿房宫（何清谷，2005）：

> 以木兰为梁，以磁石为门。

注曰：

> 磁石门，乃阿房北阙门也。门在阿房前，悉以磁石为之，故专其目，令四夷朝者，有隐甲怀刃，入门而胁止，以示神。亦曰却胡门。

西晋潘岳《西征赋》（2005）记载：

> 门磁石而梁木兰兮，构阿房之屈奇；疏南山以表阙，倬樊川以激池。

东汉桑钦撰、后魏郦道元作注的《水经注》卷十九（郦道元，2001）记载：

> 鄗水北径清泠台西，又径磁石门西，门在阿房前，悉以磁石为之，故专其目。令四夷朝者，有隐甲怀刃入门而胁之以示神，故亦曰却胡门也。

唐李吉甫撰，成书于唐宪宗元和八年（公元813年）的《元和郡县志》（李吉甫，1983）记载：

> 秦磁石门，在县东南十五里，东南有阁道，即阿房宫之北门也。累磁石为之，著铁甲入者，磁石吸之不得过。羌胡以为神。

《唐书》卷一百九十五"回纥列传"（刘昫，1975）记载：

> 甲午，肃宗送宁国公主至咸阳磁石门驿。公主泣而言曰："国家事重，死

---

①《三辅黄图》作者佚名，成书时间有汉末、六朝等多种说法。该书是研究秦汉历史，特别是秦汉长安、咸阳历史地理的可贵资料；也有观点认为该书系唐以后人所作。

且无恨。"上流涕而还。

阿房宫建有磁石门一事在汉晋有说法，至唐代有地名，但至今尚未被考古所确认。

现西安西郊三桥镇武警工程学院营区内有磁石门遗址花园。20世纪80年代初，在此发掘出一些夯土遗迹，一度被鉴定为秦阿房宫磁石门遗址。2007年的专项考古发掘未发现与磁石相关的遗迹，出土板瓦表明此处为高台宫殿建筑基址，推测应该是战国时期秦国上林苑建筑，不属于阿房宫建筑（中国社会科学院考古研究所，2007）。有人根据以上考古发现认为阿房宫并未建成，只修了前殿，其他建筑不存在，认为磁石门存在的可能性很小。也有人提出秦代铁器主要用于制造工具、农具，兵器多为青铜制造，不会被磁石吸引，以此否定磁石门存在的可能性（魏刚，2007）。

磁石门为"阿房北阙门"的说法初见于后人为《三辅黄图》作的注文，原文未见此说，但不能排除磁石门在阿房宫内别的地方。大量考古发掘和冶金史研究表明，西周晚期中原地区已经出现了铁兵器（河南省文物研究所 等，1992）（韩汝玢，1998）。战国时期的铁质兵器已经非常普遍，在陕西、河南、河北、湖南、湖北、宁夏、甘肃、四川、内蒙古、新疆等广大区域已发现大量战国时期的铁质剑、匕、矛、戟、镞、甲、胄等（白云翔，2005）[82-94]。这表明磁石门在当时有需求，有存在的缘由。

我们要进一步关注思考的是，古代为什么会出现磁石门的说法或记载，这些说法或记载又会产生什么效果？

众所周知，公元前227年发生了刺杀秦王嬴政的事件。荆轲竟然在朝堂上持刀追杀国家的最高统治者，这在中国历史上是极其罕见的。这件事让秦王和秦国的统治集团都受到不小的惊吓，给他们造成了严重的心理阴影，也给秦宫的安保工作敲响了警钟。此后，秦国必然想方设法加强保卫措施。秦始皇统一六国后，收缴民间的铜兵器，铸成十二座金人，立于阿房宫前。这是防备六国民众造反和暗杀的重要举措。

秦始皇统一天下后，方士们争相讨好于他。有很多方士聚在秦始皇周围，为其建言，"方士言之，不可胜数"。秦始皇本人也醉心于方士们的说辞，常穿望仙鞋和丛云短褐，渴求见到神仙；又多次派方士徐福入海求取仙药。神仙和仙药自然是请不来、求不到的，而秦始皇的暴虐也引起了方士们的不满和担心。方士卢生和侯生诽谤了秦始皇并逃走了，秦始皇大怒。公元前212年发生了"坑儒"大惨案。历来认为被坑杀的是儒生，其实多数是方士。元明之际的陶宗仪在《辍耕录》中认为"四百六十余人，盖皆方伎之士也"（陶宗仪，1998）；顾颉刚也认为是儒生与方士一起被坑（顾颉刚，2012）[12]。

《史记·表第三》记载秦始皇二十八年（公元前219年）"为阿房宫"。《史记·秦始皇本纪》记载秦始皇三十五年（公元前212年），开始实际建造阿房宫。相差的这七年应该是在进行酝酿、规划和准备材料等工作。两年之后，秦始皇在东巡途中病亡，九月葬骊山。阿房宫工程暂停，其劳力被征调到骊山。秦二世元年（公元前209年）四月复建阿房宫，但当年冬天，起义军进入咸阳，阿房宫停建。阿房宫实际施工了约两年七个月。

将以上种种事件综合起来思考，我们关注的问题答案就逐渐明朗起来。

后人经常说阿房宫工程浩大，华丽奢靡，不排除有为了编史而过度渲染的成分。但阿房宫规模无论大小，都不会随便建造。在建造之前，必定有完整的规划，包括建筑设计、施工方案、材料测算、所需工时、成本预算、组织方案等。这些细则可能有详有略，但阿房宫要建成什么样子，有哪些部分组成，这必然是在修建之前定好了的。

这个规划必然是由一个群体来完成，又在一定范围内论证过；也必然形成了建筑设计图、各种账册和记录等，并准备了很多材料。在施工的两年七个月期间，这些规划必然为各级负责人所知晓，并非秘密。

秦始皇酝酿规划阿房宫之际，正是方士们得势之时。方士们对磁石非常熟悉，而且一直在谋求用磁石来讨好当权者。鉴于天下铜兵已收，金人像立于殿前，若再修磁石门防备铁刃，将是极具技术创新性和重大实用前景的方案。磁石门很可能是由方士们提议修建的，以保护秦始皇的安全。而在秦始皇看来，这也是一件与求取仙药同等重要、甚至更为现实的大事。仙药能否求得、是否管用，尚未可知，但有人行刺过他确是真的。即便有了不老仙药，也要防备有人暗杀。修建磁石门对秦始皇和方士们来说是双赢的。方士们只要提出修建磁石门，就会被采纳。关于磁石门是否实际建造，笔者认为在规划阿房宫时可能有此内容，但阿房宫开建的同年，方士们被坑杀、逃散，未及建成，秦朝覆灭。磁石门一事便作罢，但磁石门之说流传了下来。

至于磁石门能达到什么样的效果？"吸之不得过"是将人牢牢粘住无法通过；还是如现代安检门一样，发出响动或有其他迹象，被值守的人发现；还是虚张声势、毫无作用，只是对欲行不轨的人产生震慑，现在难以判断，或许可以实证。但无论磁石门是哪种效果，或者是没效果，或者只存在于规划中，方士群体都会由此受益。如果磁石门真的存在或者有这个规划，方士们就是将自己的产品，确切地说是他们自己，又一次成功地推销到了最高统治者那里，而且是立了大功。

即使磁石门一事是后来附会编造出来的，那也是方士们借用秦始皇和阿房宫为自己做了免费广告，方士们始终是受益者。按照"谁是受益者，谁最可能是制造者"的常理，至少可以认为阿房宫建有磁石门的一说，方士们参与其中并发挥了重要影响。

据《晋书·马隆传》（房玄龄 等，1997）记载，西晋大将军马隆用磁石干扰身裹铁甲的羌戎行动，起到了类似于磁石门的功用。

> 或夹道累磁石，贼负铁铠，行不得前，隆卒悉被犀甲，无所留碍，贼咸以为神。转战千里，杀伤以千数。

马隆出身贫寒，功勋卓著，屡有巧思，善于在战斗中运用各种器械，被称为兵器革新家，著有兵书《八阵总述》。他谋划出用磁石来干扰敌人的行动是有可能的，可能附近正好有磁石矿促成了他的计谋，但这个记载还是孤证。《晋书》是唐初李世民下令编纂的，在此之前尚未见到马隆用磁石的其他文献记载。这种方法具有多大的功效尚有待考证。

### 三、磁石招魂术

西汉《淮南万毕术》中记载了用磁石招魂的方术。这句话在北宋《太平御览》中有多处引用：

卷七百三十六（李昉 等，1960）[3266] "方术部十七"：

> 取亡人衣，裹磁石悬井中，亡者自归矣。

卷九百八十八（李昉 等，1960）[4372] "药部·石药下"：

> 磁石悬入井，亡人自归。

> 注：取亡人衣，裹磁石悬井中，亡者自归矣。

另外，清人茆泮林辑《淮南万毕术》注引《太平御览》卷七百三十六（茆泮林，1917）[12B]云：

> 取亡人衣，裹磁石悬室中，亡者自归矣。

这些记载表明磁石已经被用于丧葬活动，与社会礼俗相结合，而推动、促成和主导这一活动的人必然是方士。

指南针研究者历来对这几条文献非常重视。戴念祖提出这是将磁石悬吊起来指向，形成一项礼俗活动，寄托对亲人的思念，这"显然隐含了磁石指极性的特点"和"正是磁指极性的早期认识"（戴念祖，2002）。刘秉正认为磁石悬入井等似与实际情况不符，古代并无此类礼俗活动，是好事者据磁现象而杜撰的，刘安的门人信而记之（刘秉正，2006）。笔者认为，从历史背景和《淮南万毕术》一书自身来看，对这些记载要仔细分析，不能轻易否定。

淮南王刘安（前179—前122）聚集大量门客写成三部巨著：《内书》二十一篇，即今传世之《淮南子》（亦称《淮南鸿烈》《淮南王书》）；《中篇》（亦称《淮南鸿宝》八卷）谈论炼丹及长生等；《外书》三章，共计十万言，即《淮南万毕术》，论变化之道。淮南王刘安召集的门客中有大量方士，其中知名者有苏飞、李尚、左吴、田由、雷被、毛被、伍被、晋昌等八人。

《淮南万毕术》早已失散，现存辑本。唐代马总《意林》（聚珍版）收有《淮南万毕术》一卷，只有一百多字。元末陶宗仪《说郛》中收有《淮南万毕术》，但篇幅也不长，有二十余条。清代孙冯翼、茆泮林、黄奭、王仁俊、叶德辉等人整理了各种辑本的《淮南万毕术》，大致将其收罗得差不多了。即使如此，现在的辑本也不过百余条、几千字（茆泮林，1917），与原来十万言的篇幅相去甚远。

现存的《淮南万毕术》记载方术的体例类似于日常应用小百科，采用逐条陈述的方式。每条通过一句或几句话来介绍一些实用技巧，或谈论人为的或自然的变化，内容多数都是与迷信有关的礼俗活动。如"埋石四隅家无鬼"，"拔剑倚户儿不夜惊"，"取坟冢祀黍以啖儿，儿不思母"等（李昉 等，1960）[3265-3266]。如果按照该书现存的辑本来简单推算：一条方术十余字，该书原本十余万字，就有将近一万条，取名"万毕术"可谓名副其实。

清代茆泮林的辑本写作"裹磁石悬'室'中"，应是笔误所致。但这样也能解释得过去。

井与地下水相通。打井的时候，水初冒出来，含有泥浆，未及沉淀，呈浊黄色，这就是"黄泉"的由来。古人认为黄泉是亡魂的居所。这种说法由来已久，如《左传·隐公元年》"不及黄泉，无相见也"（左丘明，1988），《管子·小匡》"应公之赐，杀之黄泉，死且不朽"（管子，2015）[141]等。方士们将磁石悬在井里，其理由或说辞，就是把事主亲人的亡魂从"黄泉"招回来。若事主住所附近没有井，那就把磁石悬在室内，把亡魂直接招回家里。

如果将"亡人"解释为流亡的人，则将磁石悬入"井中"就不好解释。且招魂活动更多是一种礼俗。人看不到亡魂，招魂能否有实效，无法较真；而流亡的活人当然无法被招回来，这种方术很容易被证明无效。

我们对这条方术还可以从技术角度进一步发掘。

为什么用磁石，而不用砖头？为什么悬起来，而不是扔到井里？本书的模拟实验表明，磁石一旦被悬起来，就会自发转动，并有固定指向；这种转动力矩之大，超乎我们平时的认识（详见第五章）。绳索能悬入井，自然有一定长度；能捆住磁石，自然不宜太粗。符合此情景的绳索不会影响磁石转动。方士们很可能利用了这一点来做文章，解释说磁石已经吸附了亡魂，亡魂抓住了自己的衣带。这样磁石有固定指向的特征就与鬼神信仰联系起来。汉代弥漫着浓厚的鬼神信仰气氛。对于不熟悉磁石的人来说，这项方术或礼俗活动就有很大的神秘感和迷惑性。从心理关怀的角度来看，也迎合了事主们的需求。

正如戴念祖所言，这一方术确实暗含了磁性指向的功能。古人是否对磁性指向已经有明确认识，是否已经开发出磁性指向技术，尚有待考察。但如果古人对磁石悬吊有进一步开发，那就是磁性指向。磁石悬吊法用于指向，其效果如何，与其他安装方式相比，有何种优劣，将在第六章、第九章进行实验和讨论。

四、磁石斗棋

汉武帝除了"罢黜百家，独尊儒术"，也非常迷信神仙方术。其求仙候神之心的迫切和虔诚，为之所耗费的代价之巨大，远胜秦始皇。汉武帝先后重用过李少君、谬忌、李少翁、栾大、公孙卿等。这些在《史记》"封禅书"和"武帝本纪"中有详细记载。其晚年，由于信奉方术而引发"巫蛊之祸"，使其皇后、太子、两个女儿、四个皇孙、孙女暴亡。多位丞相、将军和众多官员被诛杀。因巫蛊之事而死者"前后数万人"，京城死于动乱数万人，又损失攻打匈奴的七万军队。全社会都为此付出了重大代价。

汉武帝元狩二年（公元前121年），也就是淮南王刘安被杀[①]的第二年。胶东方士栾大向汉武帝献斗棋之术。《史记·封禅书第六》（司马迁，1959）记载：

> 其春，乐成侯上书言栾大。栾大，胶东宫人，故尝与文成将军同师，已而为胶东王尚方。……天子既诛文成，后悔其蚤死，惜其方不尽，及见栾大，大说。
>
> 大为人长美，言多方略，而敢为大言，处之不疑。大言曰："臣常往来海中，见安期、羡门之属。顾以臣为贱，不信臣。……臣之师曰：'黄金可成，而河决可塞，不死之药可得，仙人可致也。'"……于是上使验小方，斗棋，棋自

---

① 有观点认为刘安造反被杀也是由仙药和方士引起的（吕锡琛，1991）[113-123]。

相触击。

……乃拜大为五利将军。居月余，得四印，佩天士将军、地士将军、大通将军印。制诏御史："……其以二千户封地士将军大为乐通侯。"赐列侯甲第，僮千人。乘舆斥车马帷帷器物以充其家。又以卫长公主妻之，赍金万斤，更命其邑曰当利公主。……天子又刻玉印曰"天道将军"……五利将军亦衣羽衣，夜立白茅上受印，以示不臣也。而佩"天道"者，且为天子道天神也。……其后装治行，东入海，求其师云。大见数月，佩六印，贵震天下，而海上燕齐之间，莫不扼腕而自言有禁方，能神仙矣。……

而五利将军使不敢入海，之泰山祠。上使人随验，实毋所见。五利妄言见其师，其方尽，多不雠。上乃诛五利。

栾大的事情在《史记·孝武本纪》《汉书·郊祀志》《资治通鉴》等正史，以及《汉武故事》[①]等杂书中都有记载，内容基本一致。

斗棋是什么？王振铎和戴念祖对此已有考证。《史记·封禅书》引《淮南万毕术》云："取鸡血杂磨针铁杵，和磁石棋头，置局上，即自相抵击也。"《史记正义》引高诱注《淮南子》也有同样的记载。这些记载实出于《淮南万毕术》（戴念祖，2001）[402-403]。

有研究认为"磨针铁杵"即磨针所用的铁，经常摩擦，本身即被磁化。磨针铁碳含量高，比较脆，不用大力即可捣碎。鸡血作为凝固剂和胶合剂。铁粉末和磁石粉末在鸡血中彼此取向会趋于一致，形成了较大的整体磁矩。王振铎的看法是将这样的粉末和鸡血涂在方形小棋头上，从而令棋子两端形成不同的极性（王振铎，1948）[176-179]。李志超则认为这样多次涂抹而成为一小磁球（李志超，1998）。如果按照李志超所言，斗棋是球形，那它就更容易滚动、搏击，效果更佳。

栾大不仅和之前的方士一样大话，还借助磁石的特性，表演斗棋，得以被拜将封侯。他先后得到的封号有"五利将军""天士将军""地士将军""大通将军""乐通侯""天道将军"，还迎娶了已孀居的卫长公主。武帝送黄金万斤作嫁妆，将其邑改名当利，举办盛大婚礼嫁女于栾大。栾大可谓地位、财富、美色兼得。

栾大的成功在方士群体中间引起了轰动。海上、燕齐之间的人见到栾大一步登天而纷纷"莫不扼腕"。可以想象到他们当时的内心状态："这也行？我也会，

---

① 《汉武故事》又名《汉武帝故事》，是一篇杂史杂传类志怪小说，作者有汉班固、晋葛洪、南齐王俭诸说，成书年代有不早于魏晋之说。该书记载汉武帝从出生到死葬茂陵的传闻佚事。传世的《汉武故事》版本颇多，《古今说海》《古今逸史》《说郛》等均收有本书。

让我来！"

燕齐一带在秦汉时期正是出方士、产磁石的地区。"莫不扼腕"一词形象有力地表明了方士们对磁石相当了解。不过他们也只是用斗棋或其他类似器物表演一些幻术，说些大话。

栾大在春天时被引荐，到了秋天，武帝即发觉他的方术大多不验。栾大自称入海求仙，却不敢下海，仅上了泰山祠神。回宫后，"妄言见其师"，被武帝派去监视的人揭穿。武帝知道自己被欺骗和利用了，还因此耽误了卫长公主，异常愤怒，对栾大施以严酷的惩罚——腰斩。欺骗皇帝虽然可能得到超高的回报，但风险太大。

方士群体内流传着神仙和仙药的说法，他们也相信或愿意相信神仙和仙药是存在的；但他们更清楚的是自己从来没有请来过神仙，也没有得到过长生不老仙药。尽管有各种方术做障眼法，但求仙最终败露是难免的，方士们后来逐渐放弃了过于功能化、实证化的部分方术，一方面，依附于儒家学说，共同构建谶纬之术，利用方术为其作脚注；另一方面，也向社会下层谋求发展空间，为老百姓"服务"，虽然不能获得大富贵，却也无性命之忧。

两汉之交的时候，方士们也开始被称为道士，并开始有组织的活动，早期道教初步形成；至东汉顺帝、桓帝之际，道教正式形成（卿希泰 等，2006）。在东汉谶纬泛滥的气氛中，道教吸取或继承了方士们的很多言论和方术。魏晋南北朝特别是隋炀帝期间，谶纬、符命之说多次遭到统治者的禁止。方士群体经历了曲折的变化，逐渐融入道家、医家之中。尤其是道家中修炼外丹和应用为主的流派与方士之间很难严格区分。

## 五、磁石与幻术

宋代以后，指南针已经普遍使用，但磁石的特性仍然被不断挖掘，主要是作为幻术和游戏存在于民间。

南宋庄绰《鸡肋编》卷中"碌轴相搏"条目（庄绰，1983）记载北宋元祐末年有人用磁石进行幻术表演：

> 有人自云能使碌轴相搏，因先敛钱，以二瓢为试，置之相去一二尺，而跳跃相就，上下宛转不止。人皆竞出钱，欲看石轴相击。遂有告其造妖术惑众，收赴狱中，锢以铁锁，灌之猪血。其人诉云："二瓢尚在怀中。乃捣磁石错铁末，以胶涂瓢中各半边，铁为石气所吸，遂致如此。其云使石者，特绐众以率钱耳。"破之信然，久乃释之。

南宋陈元靓著、初刊于1325年的《事林广记》中"神仙幻术"部分（陈元靓，1990）记载用磁石制作唤狗子走、葫芦相打的事例：

唤狗子走：实草雕狗子以胶水并盐醋调针末搽向狗子上。以好磁石着手内引之，即随手走来也。

葫芦相打：取一样长葫芦三枚，开阔口些，以木末用胶水调填葫芦内，令及一半、放干。一个以胶水调针沙放向内，一个以胶水调磁石末向内，一个以水银盛向内。先放铁末并磁石者，两个相近，其葫芦自然相交。却将盛水银一个放中心，两个自然不相交，收起复聚。

清代纪昀写了一篇散文《河间游僧》（纪昀，1998），主要讲述一个河间的游僧在市集中卖药的故事：

河间有游僧，卖药于市。以一铜佛置案上，而盘贮药丸，佛作引手取物状。有买者，先祷于佛，而捧盘进之。病可治者，则丸跃入佛手；其难治者，则丸不跃。举国信之。后有人于所寓寺内，见其闭户研铁屑，乃悟其盘中之丸，必半有铁屑，半无铁屑；其佛手必磁石为之，而装金于外。验之信然，其术乃败。

# 第三节　磁石用于中医药

磁石也是一味中药材。在历代医书中，多有对磁石进行描述、鉴别、归类及用于医疗的记载。早期医术原本也是一种方术，中医药对磁石的认识和应用可以视作方术之一部分或延伸。

《周礼·天官·疡医》记载：

凡疗疡以五毒攻之。

《汉魏古注十三经》（十三经著疏整理委员会，2000）中东汉郑玄注曰：

五毒，五药之有毒者。今医方有五毒之药，作之，合黄堥，置石胆、丹砂、雄黄、礜石、慈石其中。烧之三日三夜，其烟上著，以鸡羽扫取之。以注创，恶肉破，骨则尽出。

汉代《神农本草经》是战国秦汉期间药物知识的总结性著作，书中（佚名，1956）记载：

> 慈石：味辛，寒。主周痹风湿，肢节中痛，不可持物，洗洗酸消，除大热烦满及耳聋，一名玄石。

磁石是铁矿石，其外观性状除了吸引含铁矿屑外，与其他铁矿石无太大区别。古代医术中常用吸铁量多少来鉴别或鉴定磁石。

南朝宋雷敩《雷公炮炙论》"磁石"目（雷敩，1986）记载：

> 凡使，勿误用玄中石并中麻石。此石之二[①]真相似磁石，只是吸铁不得。中麻石心有赤，皮粗，是铁山石也。误服之，令人有恶疮，不可疗。夫欲验者，一斤[②]磁石，四面只吸铁一斤者，此名延年沙。四面只吸得铁八两者，号续未[③]石。四面只吸得五两已来者，号曰磁石。

梁代陶弘景《本草经集注》（1994）记载：

> 今南方亦有好者，能悬吸针，虚连三、四者为佳。

该文字为后世广为转引，如唐代苏敬《新修本草》（1981）：

> 初破好者，能连十针，一斤刀铁，亦被回转。

宋代医书对磁石的描述更加详细。

北宋时期的《本草图经》（苏颂，1994）记载：

> 磁石，生泰山山谷及慈山山阴有铁处，则生其阳。今磁州、徐州及南海傍山中皆有之。慈州者岁贡最佳，能吸铁虚连十数针，或一二斤刀器回转不落者尤真。采无时。其石中有孔，孔中黄赤色，其上有细毛，性温，功用更胜。谨按《南州异物志》云：涨海崎头水浅而多磁石，徼外大舟以铁叶锢之者，至此多不得过。以此言之，海南所出尤多也。按磁石一名玄石，而此下自有"玄石"条，云生泰山之阳，山阴有铜。铜者雌，铁者雄。主疗颇亦相近，而寒温铜铁畏恶乃别。苏恭以为铁液也。是磁石，中无孔，光泽纯黑者，其功劣于磁石，又不能悬针。今北蕃以磁石作礼物，其块多光泽，又吸针无力，疑是此石，医方罕用。

古代医书对磁石的记载集大成者当为明代李时珍的《本草纲目》。

该书"石部"第十卷"金石"之四"慈石"篇记载了"慈石""慈石毛""玄石"

---

[①] "此石之二"：《本草纲目》作"此二石"。
[②] "斤"：《本草纲目》作"片"。
[③] "未"：《本草纲目》《药性解》俱作"采"。

等的物性、药性、主治、配方、炮制等，收录了很多前人对磁石和指南针的记载（李时珍，2004）。略去前面已列举的各家记载，择其相关者整理如下：

**慈石**

[释名] 玄石（《本经》）、处石（《别录》）、燼铁石（《衍义》）、吸针石。

藏器曰：慈石取铁，如慈母之招子，故名。

时珍曰：石之不磁者，不能引铁，谓之玄石，而《别录》复出玄石于后。

[集解]

《别录》曰：慈石生太山川谷及慈山山阴，有铁处则生其阳。采无时。

弘景曰：今南方亦有好者。能悬吸针，虚连三、四为佳。仙经丹房黄白术中多用之。

藏器曰：出相州北山。

……

宗奭曰：慈石其毛轻紫，石上颇涩，可吸连针铁，俗谓之燼铁石。其玄石，即慈石之黑色者。磁磨针锋，则能指南，然常偏东，不全南也。其法取新纩中独缕，以半芥子许蜡，缀于针腰，无风处垂之，则针常指南。以针横贯灯心，浮水上，亦指南。然常偏丙位，盖丙为大火，庚辛受其制，物理相感尔。

土宿真君曰：铁受太阳之气，始生之初，石产焉。一百五十年而成慈石，又二百年孕而成铁。

……

[主治]

……小儿误吞针铁等，即研细末，以筋肉莫令断，与末同吞，下之（大明）。明目聪耳，止金疮血（时珍）。

……

[附方]

耳卒聋闭：燼铁石半钱，入病耳内，铁砂末入不病耳内，自然通透（《直指方》）。

误吞针铁：真慈石枣核大，钻孔线穿吞，拽之立出（钱相公《箧中方》）。

**慈石毛**

[气味] 咸，温，无毒。

[主治] 补绝伤，益阳道，止小便白数，治腰脚，去疮瘘，长肌肤，令人有子，宜入酒。

藏器曰：《本经》言石不言毛，毛、石功状殊也。

**玄石**

［释名］玄水石（《别录》）、处石。

时珍曰：玄以色名。

［集解］

《别录》曰：玄石生太山之阳，山阴有铜。铜者雌，铁者雄。

弘景曰：《本经》慈石一名玄石。《别录》又出玄石，一名处石。名既同，疗体又相似，而寒温铜铁畏恶有异。俗方不用，亦无识者，不知与慈石相类否？

……

时珍曰：慈石生山之阴有铁处，玄石生山之阳有铜处，虽形相似，性则不同，故玄石不能吸铁。

# 第四节　磁石用于指南针磁化

根据目前发现的资料，最早明确提到磁石与指南针关系的文献记载见于唐代段成式（803—863）所著《酉阳杂俎》中"寺塔记上·二十字连句"（段成式，1985）[214]记载：

有松堪系马，遇钵更投针。

"寺塔记上·书事连句"（段成式，1985）[220]记载：

勇带绽针石，危防邱井藤。

注：绽疑作磁。

当前研究者们认为这几句诗表明当时已经用磁石摩擦磁化的方法来制作指南针，采用水浮法安装指南针，指南针可随身携带，用于实际指向。指南针制作、安装和使用的基本要素已经全部具备。

《酉阳杂俎》自序说该书为志怪小说，"固役不耻者，抑志怪小说之书也"。但其内容远远超出了志怪的题材，涉及古代中外传闻、神话、故事、传奇，还有关于陨星、化石、矿藏的记载，动物、植物形态与特性的说明，富有科学价值。这些或得之于传闻，或采之于遗文秘籍，为今人研究提供了珍贵的资料。

酉阳位于重庆东南部，武陵山腹地，是从鄂、湘、黔进出川、渝的必经之地。唐代时，酉阳属于务州、思州管辖。武陵山区群峦起伏，植被茂密，又多云雾。在这个地区很需要使用指南针。段成式是山东邹平人。山东为齐鲁故地，留下了不少秦汉方士的知识和影响。这些都是《酉阳杂俎》中出现指南针记载的历史和地理背景。

北宋沈括（1031—1095）在11世纪末所著《梦溪笔谈》中详细提到指南针用磁石摩擦磁化，还记载了指南针的四种安装方法，再次提到地磁偏角：

> 方家以磁石磨针锋，则能指南。然常微偏东，不全南也。水浮，多荡摇，指爪及碗唇上皆可为之，运转尤速，但坚滑易坠，不若缕悬为最善。其法：取新纩中独茧缕，以芥子许蜡缀于针腰，无风处悬之，则针常指南。其中有磨而指北者。余家指南北者，皆有之。磁石之指南，犹柏之指西，莫可原其理（沈括，1975）[220]。

> 以磁石磨针锋，则锐处常指南，亦有指北者，恐石性亦不同。如夏至鹿角解，冬至麋角解，南北相反，理应有异，未深考耳（沈括，1975）[278]。

这段文字开宗明义地提到了摩擦磁化指南针是方家的本业。这里用"方家"一词，可能与秦汉方士有同样的含义；也可能是对方家和道家的统称。但足可见铁磁性的指南针的发明和应用与方士们紧密相关，且是方士群体不断探索、改进的成果。

其后，几乎与沈括同时代的朱彧编写了《萍洲可谈》（朱彧，1985）其中最早记载了指南针用于航海：

> 舟师识地理，夜则观星，昼则观日，阴晦观指南针。

关于指南针的制作技术，寇宗奭《本草衍义》卷五（刊于公元1116年）（寇宗奭，1985）进一步描述道：

> 磁石，色轻紫，石上靫涩，可吸连针铁，俗谓之燅铁石。……其玄石，即磁石之黑色者也，多滑净，其治体大同小异，不可不分而为二也。磨针锋则能指南，然常偏东，不全南也。其法取新纩中独缕，以半芥子许蜡缀于针腰，无风处垂之，则针常指南。以针横贯灯心，浮水上，亦指南。然常偏丙位，盖丙为大火，庚辛金受其制，故如是。物理相感耳。

类似文字在程棨所著，约1280年成书的《三柳轩杂识》中也有记载。

南宋末年成书的《事林广记》癸集卷十二"神仙幻术"（陈元靓，1990）中记载用天然磁石制作指南鱼、指南龟：

> 造指南鱼：以木刻鱼子一个，如母指大，开腹一窍，陷好磁石一块子，却以腊①填满，用针一半金从鱼子口中钩入。令没放水中，自然指南。以手拨转，又复如初。

> 造指南龟：以木刻龟子一个，一如前法制造，但于尾边敲针入去。用小板子，上安以竹钉子，如箸尾大。龟腹下微陷一穴，安钉子上，拨转常指北，须是钉尾后。

本章对古文献的梳理和解读表明，中国古人对磁石是不陌生的，有着大量的实践接触，进行了广泛深入的思考，积累了丰富的经验认识。其中方士群体以及由其衍生出来的医家对磁石接触最多，并将之应用到自己的行业中。方士群体在磁性指向技术的发明过程中发挥了关键作用，而磁技术也为该群体提供了一种极好的"实证"工具。我们在研究指南针时，紧紧把握这一点，可对分析磁性指向技术的起源和发展有重要的帮助。

---

① 腊：古同"腊"，即腊肉。

# 第三章
## 古代指南针实证研究科学理论与专用设备

指南针之所以能够指向，依赖于磁体的磁矩和地磁场之间形成的力矩作用。古代各式指南针的可行性、技术演变都与磁石、地磁场有重大关联。当前研究之所以存在争议或者难以推进，很大程度上是由于对磁石的界定、对磁石特性的认识不同，以及对地磁场演变认识不够或者存在误解，缺乏有效手段进行实验模拟和定量或半定量检测，对工艺过程的科学认识不足，也未能深入比较所致。要把指南针的技术问题说清楚，必须要对磁石有正确、全面的认识，对铁碳合金的磁学特性以及古地磁场演变有深入的认识，并且开发适用的研究手段。

# 第一节　磁石的界定与特性

什么是磁石？在前人研究以及一般人的概念中常认为"磁铁矿就是磁石"。其实这样的认识存在不少问题。因为不仅是磁铁矿，部分磁赤铁矿、磁黄铁矿等也可以互相吸引、排斥；而且磁铁矿、磁赤铁矿、磁黄铁矿等只有少数具有显著磁性，其多数磁性都很弱，与古人对磁石的描述有较大差距。此外，前人研究中经常讲的磁石加工以后会显著退磁而不能指向、用导电线圈模拟地磁场对铁矿石进行磁化就可以等效于磁石等，这些观点或认识也是有问题的。"什么是磁石"需要深究一下。

　　在现代矿物学领域中，并没有"磁石"这种专门的矿物。"磁石"这个词无论在中国还是在西方，都是在古代形成的。中西方古文献中都曾描述磁石具有吸铁，互相吸引、排斥的能力。如《吕氏春秋·季秋纪·精通篇》《鬼谷子·反应篇》《雷公炮炙论》对磁石吸铁的描述，以及苏颂《本草图经》等对"磁石毛"的记载。虽然大多数含铁的矿石都可被磁铁吸引，但只有能主动吸铁，或可以互相吸引、排斥的铁矿石才符合古人对磁石的描述。

　　磁石之所以能表现出以上磁现象，是由于其具有剩余磁感应强度（符号$B_r$）也可以说具有剩余磁极化强度（符号$J_r$），都可简称剩磁。磁石的剩磁是在地质演化过程中天然形成的，故称为天然剩余磁性。可表现出天然剩余磁性的矿物有很多种，但强度差别很大。古文献所讲的磁石即是对具有显著天然剩余磁性的铁矿石的总称。这是依据含铁矿石的物理性质进行界定，不是按化学成分来界定。多数铁矿石的天然剩余磁性都很弱，磁现象表现得不显著，无论其主要化学成分如何，古人也不会称其为磁石。有的文献中将这些具有同类外观而不具有明显剩磁的铁矿石称为玄中石（玄石）、中麻石等。

　　磁石究竟是何种材料，如何形成，有何特性？此前的古代指南针研究一直未能把这些问题阐述清楚。为此，笔者参考了《岩石磁学》（永田武，1959）、《岩石磁学和古地磁学纲要》（中国地球物理学会，1983）、《岩石磁学与古地磁学方法》（D. W. 柯林森，1989）[1-9]、《岩石与矿物的磁性》（Carmichael，1990）、《古地磁学导论》（刘椿，1991）、《结晶学及矿物学》（赵珊茸 等，2011）等文献对本研究所涉及的磁学问题进行了必要的分析和解释。

　　物质为什么会具有磁性？现代磁学认为，物质磁性都是由带电粒子的运动引起的。按照原子物理学的观念，物质内部的磁性元负荷（元磁性体）有两种：一是组成物质的基本粒子（电子、中子和质子等）所具有的本征磁矩（自旋磁矩），二是由于电子在原子内运动、质子和中子在原子核内运动而产生的微观电流的磁矩（轨道磁矩）。大量原子和分子集团组成宏观物体时，原子内的这些元磁性体在各种互相作用（磁性的或静电的）下，建立了不同的排布方式，从而形成各种宏观磁性（郭贻诚，2014）[1]。

　　由于微观结构不同，各类物质在外磁场作用下，在宏观层面呈现出抗磁性、顺磁性和铁磁性等磁学性质。其中铁磁性又包括铁磁性、反铁磁性和亚铁磁性三种类型。自然界中，绝大多数矿物具有顺磁性与抗磁性。我们平时接触到的具有较高剩余磁化强度的材料属于铁磁性材料和亚铁磁性材料两类。

铁磁性材料中相邻原子的磁矩同向平行排列，宏观表现磁性较强。亚铁磁性材料中有两种离子或原子，反向平行排列，但磁矩大小不等，磁矩不能完全抵消，二者之差也可以表现出宏观磁矩，但比铁磁性弱一些（图3-1）。

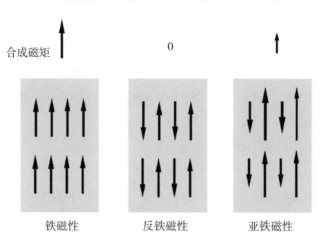

图3-1　铁磁性、反铁磁性和亚铁磁性形成机理示意图

对于矿石而言，要具有显著的天然剩余磁性，需同时满足以下四个层面的条件：

**原子层面：**

具有铁磁性（自发磁化）的根源是原子（正离子）磁矩（原子本征磁矩）不为0。原子磁矩成因主要是电子自旋磁矩，并且要求在原子的电子壳层中存在没有被电子填满的状态（$d$或$f$态）。符合这一要求的元素有Fe、Co、Ni三种。例如3$d$态下，Fe有4个空位，Co有3个空位，Ni有2个空位。若使充填的电子自旋磁矩同向排列起来，则磁矩分别为Fe $4\mu B$，Co $3\mu B$，Ni $2\mu B$。可是对另一些过渡族元素，如Mn在3$d$态上有5个空位，若同向排列，则它们的自旋磁矩应是$5\mu B$，但Mn并不是铁磁性元素。要成为铁磁性物质，上述条件是必要条件，但不是充分条件，还要考虑形成晶体时原子之间相互键合的作用是否对形成铁磁性有利。

**晶体层面：**

根据键合理论，原子相互接近组成晶格时，电子云会相互重叠，电子要相互交换。对于过渡族金属，原子的3$d$态与$s$态能量相差不大，所以其的电子云也会重叠，引起$s$、$d$态电子的再分配。这种交换便产生了一种交换能$E_{ex}$（与交换积分有关），此交换能有可能使相邻原子内$d$层未能抵消的自旋磁矩同向排列起来。

量子力学计算表明，当磁性物质内部相邻原子的电子交换积分为正时（$A>0$），相邻原子磁矩将会同向平行排列，从而实现了自发磁化，这就是铁磁性产生的原因。这种相邻原子的电子交换效应，其本质仍是由静电力迫使电子自旋磁矩平行排列，作用的效果好像外加了强磁场一样。

理论计算还证明，交换积分$A$不仅与电子运动状态的波函数有关，而且强烈地依赖于原子核之间的距离。图3-2（郭贻诚，2014）[39] 展示了几种铁磁性金属及合金的交换积分与邻近电子接近距离的变化曲线。当电子的接近距离减小时，交换积分为正值，具有铁磁性，如Fe、Ni、Ni-Co、Ni-Fe等；接近距离再减小时，$A$变为负值，则形成反铁磁性，如Mn、Cr、Pt、V等。

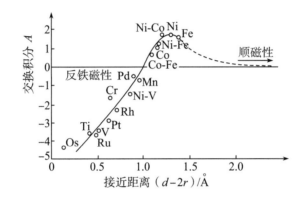

图3-2　交换积分的相对数值随邻近电子的接近距离的变化

亚铁磁性物质的成分至少具有两种不同的磁矩。铁氧体即属于亚铁磁性物质。根据其晶体结构，可分为三种类型（郭贻诚，2014）[125-132]：

尖晶石型：通用化学式$MOFe_2O_3$（M指金属的原子价为+2的物质，如Mg、Ni、Co、Mn、Fe、Cu、Zn、Cd、Ti等），是最主要的一类亚铁磁性材料。用X射线分析显示，这些晶体都具有尖晶石的形式。其中，$ZnOFe_2O_3$及$CdOFe_2O_3$具有$MO^{++}$（$Fe_2^{+++}$）$O_4^{--}$形式的正常尖晶石型，不具有铁磁性；具有$Fe^{+++}$（$MO^{++}Fe^{+++}$）$O_4^{--}$形式的反尖晶石型，都显示出铁磁性。

磁铅石型：通用分子式类似于天然磁铅石$Pb$（$Fe_{7.5}Mn_{3.5} \cdot A_{10.5}Ti_{0.5}$）$O_{19}$，晶体结构属于六角晶系。

柘榴石型：分子式类似于天然柘榴石（Fe，Mn）$_3 \cdot Al_2$（$SiO_4$），晶体结构属于体心立方系。

其他类型的晶体即使也含铁、钴、镍元素，但其亚铁磁性极其微弱，应当属于反铁磁性，无法形成剩磁，如赤铁矿、针铁矿等。

磁石主要成分是铁的氧化物、$SiO_2$ 及其他杂质。其中铁的氧化物属于亚铁磁材料。

自然界中的铁矿石常含有大量的 $TiO_2$，这会显著影响矿石的磁学性能。岩石磁学研究中有两种重要的固溶体系列，即钛铁尖晶石-磁铁矿系列、钛铁矿-赤铁矿系列。钛磁铁矿的饱和磁化强度随着 $TiO_2$ 含量的增加而减小，但是晶胞随 $TiO_2$ 含量的增加而增大，同时导致居里温度降低，其矫顽力也会稍微增加。钛磁铁矿经常含有其他杂质（通常是Al、Tc、Cr等），也会对钛磁铁矿的磁学性质产生影响。

磁畴层面：

由于原子磁矩间的相互作用，晶体中相邻原子的磁偶极子会在一个较小的区域内排成一致的方向，具有饱和磁化强度，导致形成一个较大的净磁矩——磁畴。在未受到磁场作用时，各个磁畴磁矩方向无规则排布，整体净磁化强度为零。若加以外磁场，材料中的磁畴磁矩顺着磁场方向转动，加强了材料内的磁场。

每个磁畴体积约为 $10^{-9} \text{ cm}^3$。磁畴结构总是要保证整体的能量最小，各个磁畴之间彼此取向不同，首尾相接，形成闭合的磁路，使磁体在空气中的自由静磁能下降为0，对外不显现磁性。因此磁畴结构有助于实现磁体保持自发磁化的稳定性，使强磁体的能量达最低值。铁磁体在外磁场中的磁化过程主要为畴壁的移动和磁畴内磁矩的转向，这就使得铁磁体在很弱的外磁场中就能得到较大的磁化强度。

矿石层面：

地壳岩石可分为沉积岩、火成岩及变质岩三大类。其中火成岩的天然剩余磁化强度最大。由于冷却速度、温度和深度等因素的影响，火成岩的构造（即矿物中的结晶程度、晶粒大小、形态及晶粒间相互关系等）具有很多类型，包括板块构造、流动构造、气孔构造、枕状构造、球状构造、晶洞构造、层状构造等（舒良树，2010）。

铁矿石是多种矿物的固溶体或混合物，结构复杂。其天然剩余磁性既受内部因素影响，包括矿物种类、含铁量、颗粒大小与形状、内部应力、晶体方向以及温度、压力等；也受到生成环境和后期所经历的一种或多种磁化机理的影响。

岩石剩余磁性形成的机理主要有原生剩磁和次生剩磁两类。原生剩磁包括热剩余磁性、沉积剩余磁性和化学剩余磁性三种；次生剩磁即等温剩磁。各种磁化机理产生的剩磁差异极大。热剩余磁化强度是其中磁化效果最强、最主要的一种，它是岩石在地磁场中从居里点（600～700 ℃）温度以上冷却至室温所获得的剩磁[①]。在弱磁场中，热剩磁比等温剩磁（如摩擦磁化）强几十至几百倍，且具有很高的稳定性和极长的弛豫时间（中国地球物理学会，1983）。火成岩及导生于火成岩的沉积岩铁矿石由岩浆冷却而成，可获得显著的热剩磁。在地质演化过程中，矿石会获得多次热剩磁，导致磁化强度不均匀、方向不一致，可能具有多个磁极；或者形成闭合磁路，整体磁性很弱，破开后磁性增加等复杂现象。磁石块越大，这种概率越显著（Carmichael，1990）。笔者也发现，很多大块矿石本来不显现磁性，破碎后磁性就表现了出来，即此原因。

有些矿石具有较强的亚铁磁性，如磁铁矿（$Fe_3O_4$）、磁赤铁矿（$\gamma-Fe_2O_3$）、磁黄铁矿（$FeS_{1+x}$）、锰尖晶石（$MnFe_2O_4$）、镁铁矿（$MgFe_2O_4$）、镍磁铁矿（$NiFe_2O_4$）、钙铁榴石（$Ca_3Fe_2[SiO_4]_3$）等，饱和磁化强度较高，或相对较高，有机会获得显著剩磁。而常见的赤铁矿（$\alpha-Fe_2O_3$，为三方晶系刚玉型结构）、针铁矿（$Fe_2O_3H_2O$，为正交/斜方晶系并结晶成α相）的亚铁磁性极其微弱，属于反铁磁性矿物，难以获得剩磁。

氧化铁矿物在一定条件下会互相转化（图3-3）（Carmichael，1990）[66]，自然界中几乎不存在单一成分的铁矿石。我们说的某种磁石矿，都是指它的主要成分。这种转化会导致铁矿石多少都有一点天然剩磁。

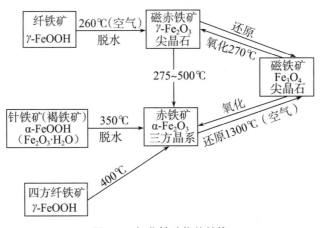

图3-3　氧化铁矿物的转换

以上种种因素决定了具有显著天然剩余磁性的矿石仅仅是少数。尽管各种天然铁矿石多少都会有一点天然剩磁，但即使是磁铁矿、磁赤铁矿等亚铁磁性较强的

---

① 若降温时只在某一温度区间施加外磁场，也可以得到剩磁，称为部分热剩磁。

矿石，其大多数的天然剩余磁性也很弱，能够吸铁及互相吸引、排斥的矿石只是少数，而且无法达到理论上的饱和磁化。

前人研究中对磁石的形成机理了解不够，经常出现认识上的偏差。这是阻碍古代指南针研究的重要因素。

研究古代指南针，必须深刻认识到热剩磁与摩擦磁化存在重大差异，这也是研究磁石勺和《武经总要》"鱼法"磁化机理和磁性特性的前提。

在弱磁场中，热剩磁比等温剩磁强几十至几百倍，且具有很高的稳定性和极长的弛豫时间。它与我们常见的摩擦磁化磁针（属于等温磁化）及现代充磁机一次性均匀磁化的铁氧体或钕铁硼磁体的性质完全不同。几乎所有研究古代指南针的学者都没有对这两者的区别给予足够重视，导致对磁石的物质成分、形成机理、物理性质、古人可用的磁石剩磁强度等关键信息因素未能准确把握，常常将摩擦磁化得到的经验认识照搬到天然磁石上，严重低估了天然磁石的剩余磁化强度，并且认为天然磁石经过打磨会严重退磁，导致磁石勺无法指向，进而得到了不当的结论。

有研究者试图通过模拟地磁场或稍强的磁场，在常温下为一般铁矿石或较弱的磁石充磁，这种产品的剩磁和稳定性自然远远不及天然形成的磁石。究其原因：第一，要看铁矿石的主要成分；第二，原本没有天然剩磁的铁矿石，其晶体或矿物颗粒的方向一致性本来就很差，难以具有整体剩磁；第三，磁石的天然剩磁属于热剩磁，是从高温缓慢冷却结晶成矿时获得的，只有完全模拟这一变温过程，才能起到作用。有文章仅依据一些磁石表面有气孔和熔融状就判断该磁石系陨石（岑天庆等，2015），这是对火成岩的成矿机理和岩石结构不了解所致。

# 第二节　常见磁石概况

## 一、磁铁矿

磁铁矿是一种典型的铁氧体材料（图3-4），密度为4.9~5.3 g/cm³，熔点为1591±5 ℃。磁铁矿的晶体结构属于反尖晶石型，中子衍射方法发现其一个格子晶胞含有8个分子（$Fe_3O_4$），$Fe^{3+}$、$Fe^{2+}$以及$O^{2+}$的排列如图3-5所示。一般情况下，8个有$XY_2O_4$形式的分子组成尖晶石格子的一个晶胞，可成为正常尖晶石型的$X_8Y_{16}O_{32}$，也可能成为反尖晶石型的$X_8（Y_8O_8）O_{32}$，其中括号外的8个金属离子占据了$8f$的位置，括号内的16个离子占据了$16c$的位置。

图3-4　磁铁矿样品（摄于龙烟矿区，用XRF测量全铁含量约48.53%）

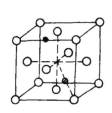

- ● 八面体（B）位置
- ◐ 四面体（A）位置
- ○ 氧离子

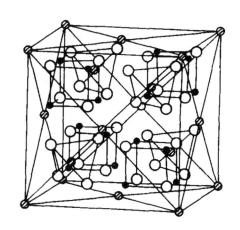

（左图立方体是右图单位晶胞的1/8）

图3-5　磁铁矿的立方晶反尖晶石结构（Carmichael，1990）[68]

根据国外20世纪20—50年代测定的数据（永田武，1959）[35]，磁铁矿的主要磁学性能如下：

表3-1　磁铁矿的主要磁学性能

| 居里点$T_C$ | 578 ℃ |
|---|---|
| 饱和磁极化强度$J_s^*$ | 约92~93 emu/g[①]，室温时 |
| | 约98.2 emu/g，0 K时 |
| 矫顽力$H_C$ | 20 Oe（天然磁铁矿） |
| 起始磁导率$\mu_0^{**}$ | 10 emu（天然磁铁矿结晶） |
| | 70 emu |
| 各向异性能$K$ | 负值，$10^5$ erg/cm$^3$ |
| 最易磁化方向 | ［111］ |
| 在低温下的过渡$T_C$*** | −160 ℃ |

*当$H_C$在Fe$_3$O$_4$中为极小时，则FeO-Fe$_2$O$_3$居里点系的$J_s$在Fe$_3$O$_4$中变为极大。

**在温度恰低于居里点时，$\mu_0$有极大值（$\mu_0 \approx 500$ emu）；另一个极大值在−138 ℃附近（$\mu_0 \approx 275$ emu）。

***在此过渡温度时，电导、比热及磁化强度，分别表现出异常变化。

## 二、磁赤铁矿

磁赤铁矿（图3-6）的化学成分是Fe$_2$O$_3$，与赤铁矿相同。磁赤铁矿是阳离子不足的反尖晶石型的立方晶系构造，称为γ-Fe$_2$O$_3$，属亚铁磁性矿物。而赤铁矿是三角晶系的构造（图3-7），称为α-Fe$_2$O$_3$，宏观表现反铁磁性。

图3-6　磁赤铁矿样品

---

① 磁矩和磁化强度的单位有很多种，描述铁矿石的宏观磁性时，适用高斯制的emu和emu/g。本书采用这个单位制。

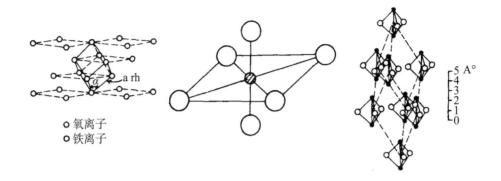

（左：六方晶系内的菱形六面体；中：Fe-O构造略图；右：Fe₂O₃组合的菱形六面体）

图3-7　赤铁矿的晶体结构（Carmichael，1990）[70]

磁赤铁矿在晶体结构上与磁铁矿极为相似，属于立方晶系，反缺陷尖晶石结构。它的所有或主要的铁离子均为$Fe^{3+}$状态，以及阳离子空缺被氧化态的二价铁$Fe^{2+}$所补偿。正是由于它们有着高度相似的晶体结构，二者的主要磁学性质均很相近，主要差别是磁赤铁矿受热后不稳定，加热到250 ℃之后，会被不同程度转变成赤铁矿。磁赤铁矿的密度为4.9~5.2 g/cm³，饱和磁极化强度为83.5 emu/g（室温时）（Carmichael，1990）[122]（永田武，1959）[36]。

磁赤铁矿主要是磁铁矿在氧化条件下经次生变化作用形成。磁铁矿中的$Fe^{2+}$完全为$Fe^{3+}$所代替（$3Fe^{2+} \rightarrow 2Fe^{3+}$），所以有1/3 $Fe^{2+}$所占据的八面体位置产生了空位。另外，磁赤铁矿可由纤铁矿失水而形成，亦有由铁的氧化物经有机作用而形成。

### 三、磁黄铁矿

磁黄铁矿（图3-8）属于Fe与S的化合物。铁的硫化物有统一的分子式$Fe_{1-x}S$（式中$x$表示Fe原子亏损数），随着$x$的变化，其磁学性质也在发生改变（图3-9）。磁黄铁矿的分子式为$Fe_{1-x}S$（$x=0.1~0.2$），该矿属于六方晶系复六方双锥晶类（图3-10）。晶体一般呈板状，少数为锥状、柱状，常呈粒状、块状或浸染状集合体。

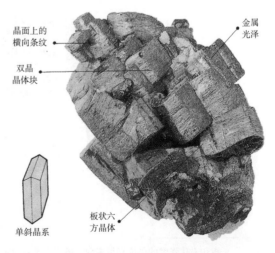

图3-8　磁黄铁矿样品（佩兰特，2007）

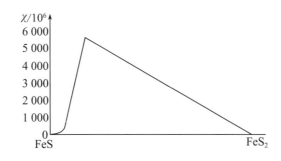

图3-9　铁硫化物的磁化率（20 ℃时）（永田武，1959）[38]

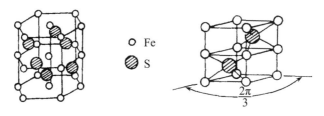

图3-10　磁黄铁矿的六方晶系结构（Carmichael，1990）[72]

磁黄铁矿为暗青铜黄色，带褐色锖色；条痕亮灰黑色，有金属光泽；解理不完全，裂开发育，性脆；密度4.60～4.70 g/cm³；常生成于磁性岩浆矿床。其主要磁学性质如表3-2所示（永田武，1959）[38]：

表3-2　磁黄铁矿的主要磁学性能

| 居里点$T_C$ | 300~325 ℃ |
|---|---|
| 饱和磁极化强度$J_S$ | 约2.8 emu/g |
| 矫顽力$H_C$ | 约15~20 Oe |

黄铁矿（$FeS_2$）因具有浅黄铜色和明亮的金属光泽，常被误认为是黄金，又称为"愚人金"（图3-11）。黄铁矿成分中通常含Co、Ni和Se，具有NaCl型晶体结构。黄铁矿常常与磁黄铁矿共生。《管子》中记载："上有慈石者，下有铜金。"此铜金很可能就是黄铁矿。

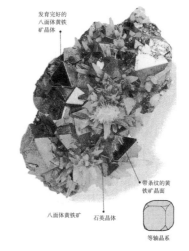

图3-11　黄铁矿样品（佩兰特，2007）

# 第三节　钢铁的磁学性能

铁器时代以来，钢铁在世界各地都得到了普遍应用，不是稀缺材料。中国古代钢铁技术非常先进。约在公元前14世纪，中国出现了块炼铁，块炼铁技术属于低温固态还原法，制铁效率较低。中原地区在公元前8世纪发明了生铁冶炼技术，属于高温液态还原法，可以快速、高效地生产碳含量较高的生铁；到汉代，已经逐渐发展出可锻铸铁、铸铁脱碳钢、炒钢、百炼钢、灌钢等一系列的生铁脱碳制钢技术，形成了一套生铁及生铁制钢技术体系。中国古代可以有效控制铁器碳含量，配合热处理技术，得到兼具硬度、韧性和磁学性能的铁器产品；充分满足了制作指南针的材料需求，为铁质指南针的发明奠定了坚实的基础。铁质材料的使用使制造指南针在一定程度上摆脱了磁石资源的限制。指南针得以更广泛传播和应用。

古代钢铁都属于铁碳合金，有碳素钢和渗碳钢等类型。按照现代标准，熟铁的碳含量低于0.02%，钢的碳含量为0.02%~2.11%，碳含量高于2.11%称为生铁。由于碳含量不同，其机械性能存在显著差异，如熟铁柔软，生铁硬脆，钢则兼具柔韧和硬度，也因此有不同的用途。多数铁质工具都属于钢材料，古代尚无法实现铸钢所需的温度，主要是通过锻造的方式来加工。钢中碳含量的高低对加工工艺有显著的影响。中国古人虽无法精准测量碳含量，但关于碳含量对钢的影响，以及如何控制碳含量有着充分的认识和丰富的经验。

古代钢铁中有时会含有很少的锰、硅等元素。这些元素对铁碳合金的磁性影响很小，远未达到现代高锰钢、高硅钢的水平。

现代不锈钢制品具有不同的铁磁性，如常用来制作紧固件的奥氏体型不锈钢不具有导磁性，不能被磁铁所吸引。

在多数温度和状态下，铁属于铁磁性物质，容易被磁化。古人很早就认识到，铁针与磁体互相摩擦可以被磁化，而且具有显著的剩磁。这种磁化机理属于等温剩磁，其稳定性和弛豫时间不及热剩磁，但操作简便，只要有磁石即可完成。

一般铁磁体磁化过程主要是磁畴壁的位移过程。实际中铁磁晶体内总是存在着晶格缺陷、掺杂物质和内应力。这对畴壁位移会产生阻力，从而一定程度上提高了钢铁产品的剩余饱和磁化强度，详情如下：

## 一、铁的碳含量

大量实践表明，铁碳合金的矫顽力随着碳含量的增加而提高，即高碳钢更容易获得较高的剩余磁化强度。现代铁磁学用掺杂理论解释这一现象，认为铁晶体中存在的空洞或杂质会引起很大的静磁场能，为了减小静磁场能，在空洞或杂质周围产生局部的磁畴结构（涅耳次畴），其作用是把空洞或杂质上的磁极分布在延长畴壁的曲面上，可以减小静磁场能而增加畴壁能，当二者之和等于极小值时，得到稳定的结构。这增加了畴壁位移过程中的阻力，从而提高了铁的矫顽力，包括$H_0$和$H_C$。这一理论可以得到两点基本结论（郭贻诚，2014）[269-270]：

（1）$H_0$或$H_C$随着掺杂物质的浓度的增加而增加；

（2）当掺杂物质的弥散度使杂质直径与畴壁厚度相当时，$H_0$和$H_C$达到最大值。

钢铁中的杂质来源主要有未溶解的碳、碳化铁（$Fe_3C$）、二氧化硅（$SiO_2$），局部可能存在极少量的FeO。整体来看决定性影响因素还是碳含量。

## 二、铁器的冷、热加工工艺

加工工艺会影响铁器的显微组织和内部应力，进而影响矫顽力。

铁在大约900 ℃以下和大约1400 ℃以上时，是体心立方结构（α铁和δ铁）；900～1400 ℃是面心立方结构γ铁。热加工过程中，由于碳含量、操作温度等因素，碳溶解在铁的晶格中会形成不同的固溶体，具有不同的磁性能，进而影响整体磁性。碳溶解到α铁中形成的铁素体具有铁磁性。碳溶解到γ铁中形成的奥氏体具有顺磁性，宏观表现无磁性，经过淬火可以使奥氏体转变为马氏体。马氏体是碳溶解到α铁的过饱和固溶体，具有铁磁性，从而增强整体磁性（郭贻诚，2014）[36-37]。

亚共析碳钢（碳含量低于0.77%）适宜的淬火温度比临界温度Ac3高30～50 ℃，可使碳钢完全奥氏体化，淬火后获得均匀细小的马氏体组织。过共析碳钢（碳含量高于0.77%）适宜的淬火温度比临界温度Ac1高30～50 ℃。淬火前先进行球化退火，使之得到粒状珠光体组织，淬火加热时组织为细小奥氏体晶粒和未溶的细粒状渗碳体，淬火后得到隐晶马氏体和均匀分布在马氏体基体上的细小粒状渗碳体组织。

内应力也会影响畴壁移动过程中的阻力，进而影响磁针的矫顽力。铁磁学的内应力理论对此做了定性的解释，并已获得大量实验证实。该理论认为（郭贻诚，2014）[224-232]：

（1）$H_0$ 或 $H_c$ 随内应力起伏的平均值的增大而成比例地增大；

（2）当内应力的弥散度和畴壁厚度有相同的数量级时，$H_0$ 和 $H_c$ 最大。

热处理工艺也会影响内应力。淬火后，由于碳溶解情况发生改变，铁晶粒的外形也产生了变化，形成了分布均匀的内应力。实践中，淬火时即使没有达到临界温度或相变温度，由于热胀冷缩的影响，铁器内部也会产生热应力。正火是在空气中冷却，比淬火冷却速度慢；退火是热环境中有控制的长时间冷却；回火则是将淬火制品再度加热，减小内应力，防止开裂。

# 第四节　两千年来中国地磁场演变考察

指南针之所以能转动是因为受到了地磁场力矩的作用。古地磁学测量显示，近2000年以来，中国及世界其他地区的地磁场都发生了显著变化。曾有指南针研究文献认为"中原及附近地区地磁三要素与现今值差别都不超过30%。因此古今磁石指极性效果差别不会太大"，从而将地磁场演变的因素完全忽略（刘秉正，2006）。本研究表明，地磁场演变对磁性指向器的指向效果、演变有不可忽视的影响。

关于地磁场存在及变化的根本原因，学界尚无定论。普遍认为这是由地核内液态铁的流动引起的，并流行一些假说。最具代表性的假说是1945年物理学家沃尔特·埃尔萨塞（W. M. Elsasser）提出的"发电机理论"：液态的外地核在最初的微弱磁场中运动产生电流，进而增强原有磁场。由于摩擦生热的消耗，磁场增加到一定程度就稳定下来，形成了现在的地磁场。还有一种假说认为：地层深处的温度远超过铁核的居里温度（770 ℃），地磁场不是由地核形成，应该用"磁现象的电本质"来解释，即地核在6000 K的高温和360万个大气压的环境中有大量的电子会逃逸出来，在地幔间会形成负电层，地球自转必然会造成地幔负电层旋转，由此产生磁场。

古地磁学发现与研究表明地球磁场并非恒定不变，而是存在着复杂变化，如磁极漂移、强度变化，乃至磁极翻转。地球磁场的长期变化有一定的周期性，如地磁场极性间隔的持续时间为$10^4 \sim 10^8$年。古地磁学研究根据熔岩流、海淀岩心沉积的极性建立了关于极性的早期、中期和近期年表。严格地讲，地磁场所表现出来的磁偶极矩实际上是虚偶极矩，是诸多非偶极矩的合量。非偶极矩最显著的分量是一个四偶极矩。非偶极矩的变化对地磁虚偶极矩影响很大，特别是会造成各地地磁场的倾角（$Inc/°$）和偏角（$Dec/°$）之间有显著差别。

由于热剩磁效应，古陶、窑砖、灶、瓦片、古墓等经历过高温的文化遗存保存了烧成时期的地磁信息。对它们的热剩磁进行实验分析（多采用Thellier逐步热退磁方法消除次生磁化强度）可以得到这些信息。此类测定值的全球性结果显示，在2000年前左右，地磁场总场度都为高峰域，其值高出当代场值50%左右（图3-12）。巴黎、俄罗斯北高加索、日本的地磁场总量数据接近。地磁倾角也经历了千年周期循环，各地曲线特征相近，但相位有显著差异（Nagata et al., 1963）。

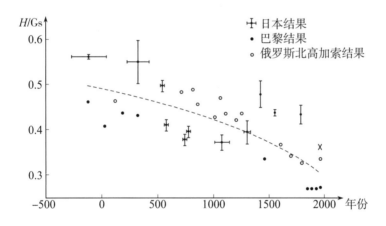

图3-12　2000多年来日本、巴黎和俄罗斯北高加索地磁场总强度演变（Nagata et al., 1963）

中国境内古地磁场演变研究目前已经有一些基础。魏青云等对多地出土的陶器进行测量，得到了公元前4000年至今的结果；表明在公元前1500至1000年间存在较高值，在公元后第一个千年内也高。与西亚、埃及、克里特岛的结果进行比较后认为，这些高场值是由地磁场的非偶干扰造成的（Wei, 1987）。1984年和1991年，魏青云等利用晋、冀、浙、苏、北京市的17个年代（公元前4495—公元1644年）共281个考古样本，测算了古代磁场方向（I及D）和虚地磁极的位置（朱岗崐，2005）。中国和日本的地磁倾角曲线十分接近，与英国存在较大差异（魏青云 等，1984）。此外，Shaw和魏青云等对中国东北和苏、豫、晋、粤、桂考古样本的测算结果与过去得到的中国东中部即东南的结果相接近；以上变化是区域性和还是全球性，尚待考察（朱岗崑，2005）。

正常使用时，对指南针指向性起作用的是地磁场水平分量，即地磁场总量与地磁倾角余弦值的乘积。它属于三重函数非线性叠加，极易把初始波动显著放大，有可能对磁性指向效果产生重大影响。但在已有的古地磁学研究文献中，地磁场水平分量大都没有直接给出数据，笔者根据地磁倾角和总强度进行了计算。

根据已有文献，国内能够计算得到两千年左右地磁水平分量变化曲线的地点有北京、洛阳和天水三处。

邓兴惠等将北京出土的汉、三国、唐、宋、金、元、明、清等朝代40块古砖制作成427块标本，通过逐步加热实验，得到上述各时期北京地区的地磁倾角及磁场强度的平均值。结果表明，汉代地磁强度值是现代（1960年）实测值的1.57倍，此后历代一直减小（图3-13）；地磁倾角在51°～66°之间变化，并且有循环性特征，其周期为1000年左右（图3-14）。这一趋势与法国、俄罗斯北高加索和日本变化趋

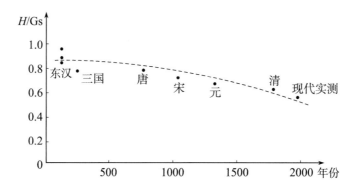

图3-13　2000年来北京地区地磁场总强度的演变（邓兴惠 等，1965）

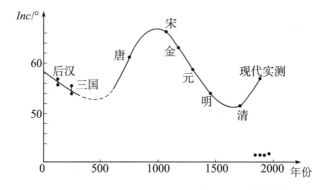

图3-14　2000年来北京地区地磁倾角的演变（邓兴惠 等，1965）

势相同（邓兴惠 等, 1965）。

朱日祥等人采集了北京房山坟庄晚更新世末以来沉积物的1430块定向古地磁样品，分析获得了迄今15000~2400年地球磁场长期变化的特征曲线（图3-15）。其结果显示，地磁倾角的变化存在1000年、2000年和4000年的主周期，地磁偏角的变化存在800年、1640年和3300年的主周期；相对磁场强度的变化存在820年、1200年、2200年和3300年的主周期（朱日祥 等, 1993）。魏青云等人对北京地区长期以来地磁倾角变化的研究也印证了这一点（魏青云 等, 1982）。

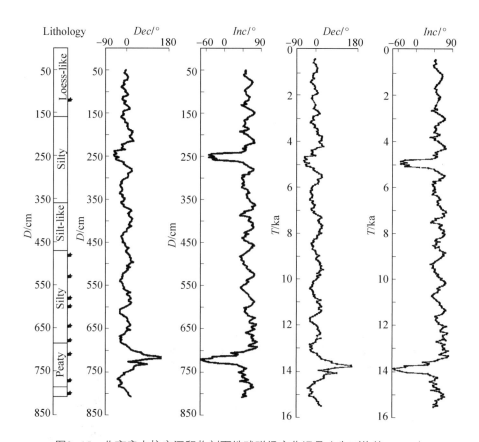

图3-15　北京房山坟庄沉积物剖面地球磁场变化记录（朱日祥 等, 1993）

魏青云等对近2400年来洛阳地区的地磁倾角和地磁偏角做了测定（图3-16）。他们采集了286块自战国至清代的砖块或烧土样品。部分样品没有明确年代标记，则采用其所属朝代的中间年代。结果显示，洛阳地区地磁倾角的变化趋势与北京地区相近，但年代略早（Wei et al., 1981）（Wei, 1987）。

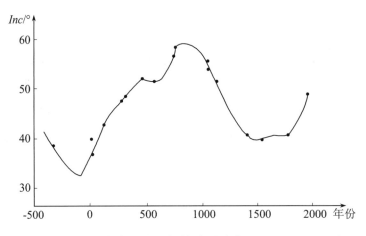

图3-16  2400年来洛阳地区地磁倾角的演变（Wei et al., 1981）

蔡书慧等发表的文章中给出了中国中心地区10000年来的地磁数据（图3-17）。该点位于天水市境内，接近陇西县东60 km处（N：35°，E：105°）。此外，他们对山东、辽宁、吉林、浙江、河北等地自大汶口文化到元代近6000年的陶瓷碎片、砖、烧土、炉渣等开展了古地磁强度研究。新增结果记录的地磁场强度值变化范围为15～86 μT，对应的地磁场虚偶极矩（VADM）变化范围为27～166 ZAm$^2$。与中国中心位置现代地磁场强度相比，新结果记录到的地磁场最低值只有现代场的1/3，而最高值达现代场的1.5倍（Cai et al., 2016）（Cai et al., 2017）。

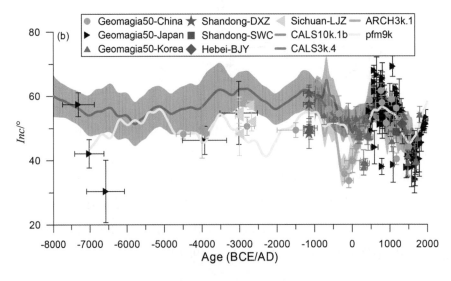

图3-17  10000年来多地地磁偏角和倾角的演变（Cai et al., 2016）

国内与世界其他地区的地磁倾角测定结果都表现出了相近的变化规律。例如，乌克兰科学院的研究者分析了苏联境内Ladoga和Onega湖底沉积物，发现在迄今16000～10200年，磁倾角变化具有900年、1750～1850年、2600～2700年的特征周期，磁偏角变化具有800年、1750年、2100～2200年和2500年的特征周期（Bakhmuto et al., 1990）。

随着数据的积累和对古地磁全球演变认识的丰富，地磁学领域已经有不少学者试图建立不同时代长度全球地磁场模型（Korte et al., 2008）（Korte et al., 2011）（Korhonen et al., 2008）（Donadini et al., 2009）（Aubert et al., 2010），可以通过球谐函数展开式进行求解，计算某地的古地磁场。但这种计算的精确度比较低，很难优于±3°，通常是±5°。对于具体地点而言，利用模型计算所得结果的准确性和可信度自然不及实测数据。

笔者依据以上文献中北京、洛阳和天水的数据，计算得到了此三地约2000年来的地磁场水平分量变化曲线（图3-18）。由于地磁场总量趋于下降，因此地磁水平分量叠加的结果为接近于逐渐降低的M形。公元前2世纪—公元5世纪为第一个峰期，公元8—10世纪前后为第一个谷期，14—15世纪为次峰期，当代为谷值。

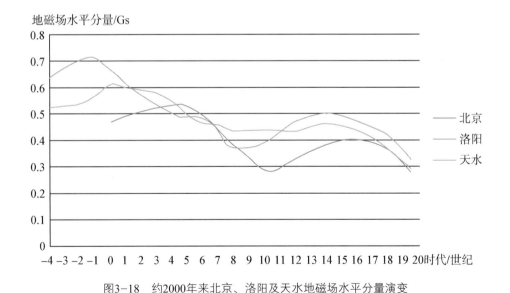

图3-18　约2000年来北京、洛阳及天水地磁场水平分量演变

北京位于华北平原北端，洛阳位于中原腹地，天水位于关西平原西端。这三个地点围成的区域正好涵盖了先秦至唐代中华文明核心活动区域。古文献中与磁石、指南针等有关的记载多发生于或形成于此区域。这为模拟、探讨古代地磁场对指南

针的影响提供了很好的基础数据。

笔者所引文献中只提到单个时代砖块的结果均方根差为 ±1.3°～±1.6°，没有提供统一误差值，数据有待完善。但本研究引入古地磁场演变的目的是验证秦汉时期磁性指向器是否具有更好的指向性，只要确定演变趋势即可，并不依赖精确数值；而且从给出的均方根差来看，其精度并未对演变曲线的走向构成影响，不会影响本研究的结论。

# 第五节　研制专用装置

开展古代指南针实证研究需要使用一些实验装置，部分装置可以应用现代磁学设备，如磁通门计、高斯计等；但对有些实验而言，现有设备无法满足古代指南针研究独特的现实需求。为了模拟古地磁场环境、对磁石磁矩变化有定性认识，笔者设计并加工制作了以下专用装置（详情见附录A、B）。

## 一、地磁场模拟装置

理论计算和实践表明，如果将一对相同的载流线圈彼此平行且共轴，通以同向电流，线圈间距达到线圈半径左右的距离时，两个载流线圈的总磁场在轴的中点附近较大范围内是均匀的（Arthur，1996）。这样的线圈即亥姆霍兹线圈（Helmoholtz Coil）。笔者制作了一部地磁场模拟装置，其主要部分是一维二环正方形亥姆霍兹线圈（图3-19），用来模拟不同时期的地球磁场。绕线线径0.60 mm，线圈物理边长800 mm，单线圈匝数174，总线圈电阻（20 ℃时）69.4 Ω。

用北京翠海佳诚磁电科技有限公司生产的磁通门计测定其均匀度：边长10 cm³正方体空间内均匀度99.4%；20 cm³正方体空间内均匀度98.2%；"磁场-电流"公式（含地磁场）：

$$B = 3.49 I + 271.21$$

式中：$B$——线圈中心的磁感应强度，单位mGs；

　　　$I$——线圈电流强度，单位mA。

图3-19 地磁场模拟装置

　　该装置配置了两种电源。一种是在实验室内使用时，采用常规直流稳压电源。另一种是野外使用时，制作了直流电源控制器，用80 V锂电池作为电源，输出电压连续可调，用高精度电流表显示输出电压、电流。

　　二、磁石磁矩测量装置

　　在磁石的各项磁学参量中，决定其在磁场中受到力矩大小的是磁矩。现有的磁矩测量装置中，"亥姆霍兹线圈－磁通计"法要求被测磁体为正方体、圆柱体或圆环状；各种磁力计需要将样品制备成规定的形状和大小；也有设备在理论上可以测量任何形状磁体的磁矩，但其检测腔大都只能容纳小于1 cm的样品。本书实验所用磁石形状不规则、尺度为10 cm级别，使用现有设备无法测量其磁矩。对于理想的棒状体，有一种磁矩计算方法是用端点表磁的2倍乘以长度。但表磁与磁体被测点的表面曲率有关，如果两端做成尖端，表磁就会显著增加，按此计算方法，磁矩就会显著增加，但磁矩实际上并未改变。前人的文献中用表磁来代替磁矩。表磁表示磁体表面某点的磁感应强度，与磁矩量纲不同，且两者也非严格同增同减关系。

对此，笔者自主研制了一种磁矩测量装置[①]（图3-20）。该装置对磁石形状没有要求，适宜尺度范围1～10 cm。其原理是：把该装置放在大型亥姆霍兹线圈产生的匀强磁场中。把磁体置于吊盘上，使其南北极沿外磁场的东西向放置，将受到的磁场力矩均等传递到两个电阻应变片上。逐级增加磁场水平分量，对"力矩-磁场"进行线性拟合。易证拟合直线的斜率与磁矩成正比。经标定，即可利用拟合直线的斜率来计算磁石磁矩和磁化强度。本研究中的大型亥姆霍兹线圈使用第一小节的地磁场模拟装置。

图3-20　磁石磁矩测量装置

经测定，本磁石磁矩测量装置的线性度：最大偏差2.50%，重复性：标准差为平均值的1.416%，有效精度取值0.01emu。

磁石的各向异性程度不等，常出现多个磁极。对指向起作用的是各磁偶极矩所受力矩的矢量和。即便磁石表磁、吸铁量都很大，指向性能也不见得好。本装置实质上是测量磁石所受的力矩矢量和，再换算成磁矩，得到的磁化强度是整体矢量平均值，有效避开了用电磁感应原理测量磁石磁矩时需要考虑的磁感线复杂性影响，理论上能直接、准确地衡量磁石的指向性能。

---

① 本装置已获得国家知识产权局的发明专利授权，专利号：ZL201710144060.4。

# 第四章
## 磁石矿田野调查与实验室分析

磁石勺能不能指南？摩擦磁化指南针剩磁有多强？这些都取决于磁石的天然剩余磁性。前人模拟实验中所用磁石显然没有达到古文献描述的水平。这是因为古人夸大其词，还是没找到这样的磁石？本书的结论是后者。笔者经过多方考察，非常幸运地找到了具有显著天然剩余磁性的磁石。其表现出来的磁现象与古文献描述高度一致，且矿石颗粒细腻、结构致密，非常适宜加工。从而解决了本研究中最大的难题。

## 第一节　磁石矿田野调查与采集

古文献中提到很多地方出产磁石，其中最负盛名的是河北邯郸武安的磁山。磁山在当地也被称为红山，历代均有开采，但规模较小，在周边存留多处古代冶铁遗迹，年代不明（磁山村志编委会，1990）。铁矿体裸露地表，夹杂石榴石（丁格兰，1940）。1915年起，安特生（J. G. Andersson，1874—1960）等曾来此考察。1936年商办政和实业公司在此创办永安铁厂；1943年起，"日铁矿业所"在此先后建立多个开采场。1951年起，磁山铁矿复采，1983年采完废弃（冶金工业部邯邢冶金矿山管理局，1987）。目前，山顶遗留直径约200米的矿坑（图4-1），被用作垃圾填埋场。山坡散落零星铁矿石，当地称之为八宝石，属于钙铁榴石，剩磁极其微弱（图4-2）。

图4-1　河北武安磁山山顶矿坑

图4-2　河北武安磁山的铁矿石

2014年6月，开展指南针研究伊始，笔者就来磁山考察。可惜采集的磁石仅能将悬吊的钢针吸引倾斜，无法将钢针吸附在上面。这与古文献记载相去甚远。2015年1月再次到磁山考察，依然没有找到合适的磁石。

2015年1月，笔者在河北省张家口市龙烟矿区内发现了几处出产磁石的铁矿[①]。部分铁矿具有很高的天然剩余磁化强度。其中主要一处矿井现已被封闭。周

---

[①] 这次考察能够发现磁石矿实属幸运。当时正值元旦假期，韩琦研究员委托笔者到本人家乡附近的龙烟铁矿调查近现代工业遗存。期间得知此地出产磁石，用于炼铁或作为中药材出售。

边堆积大量待出售的矿石（图4-3）有15～20 cm以上的大块，也有10 cm以下的小块。矿石呈致密块状、颗粒状结构，表面吸附了很多矿石碎屑。碎屑前后连接如毛状（图4-4），与古文献对磁石的描述高度相符。

图4-3　张家口龙烟矿区一处磁石堆积

图4-4　张家口龙烟矿区磁石堆积近景

龙烟矿区东南约10公里处有辽代至明代的上仓冶铁遗址（王兆生，1994）。笔者在博士研究生期间曾到该遗址考察（黄兴，2014）。《本草图经》成书于1061年，当时女真族尚依附于辽国。其所言"北蕃"应当指辽国。不排除该文献记载的磁石即来自此处。《本草图经》接下来还记载："其块多光泽，又吸针无力。"实际中，同一个矿开采出来的磁石磁性差别也很大，可能当时开采出来的磁石磁性不佳。

# 第二节　磁石样品检测

　　X射线衍射检测显示（图4-5，4-6及表4-1，4-2）：龙烟矿区采集的磁石主要成分为磁赤铁矿，含少量针铁矿和二氧化硅；武安磁山所采八宝石的主要成分是钙铁榴石。该检测委托北京北达燕园微构分析测试中心进行，设备采用X射线衍射仪（D/max-rB），算法标准为SY/T 5163-2010沉积岩中黏土矿物和常见非黏土矿物X射线衍射分析方法。用X射线荧光衍射分析法检测磁赤铁矿和磁铁矿时，由于这两种矿有着完全相同的空间群，只有在晶格参数方面才有些细微差别。SDP样品粒度细小，使得它的衍射峰变宽，因此需要特别仔细的区分[①]。

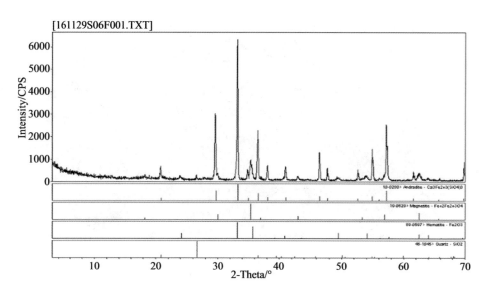

图4-5　武安磁山矿石样品X射线衍射结果

---

　　① 一种可行的验证办法是将磁赤铁矿样品加热，检测其穆斯堡尔谱，如果没有磁铁矿，只有赤铁矿和磁赤铁矿两种矿物相，即说明是磁赤铁矿。

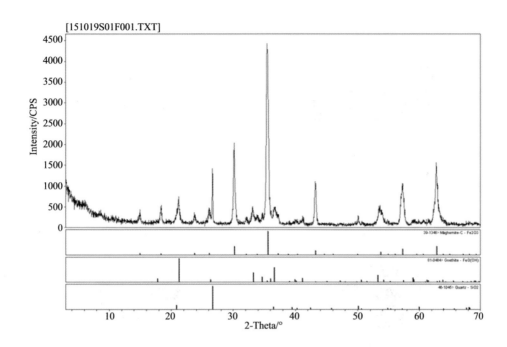

图4-6　龙烟矿区磁石样品X射线衍射结果

表4-1　磁山矿石样品主要化学成分

| 成分 | 全铁含量 | 钙铁榴石Ca₃Fe₂[SiO₄]₃ | 磁铁矿Fe₃O₄ | 赤铁矿Fe₂O₃ | 石英SiO₂ |
|---|---|---|---|---|---|
| 含量 | 17% | 87% | 5% | 7% | 1% |

表4-2　龙烟矿区磁石样品主要化学成分

| 成分 | 全铁含量 | 磁赤铁矿γ-Fe₂O₃ | 针铁矿Fe₂O₃H₂O | 石英SiO₂ |
|---|---|---|---|---|
| 含量 | 62% | 76% | 11% | 13% |

　　笔者随机选取了6块磁石（①~⑥号）（图4-7），对其基本参数和磁矩及磁化强度进行了检测，结果见表4-3。

①号磁石

②号磁石

③号磁石

④号磁石

⑤号磁石

⑥号磁石

（左侧为自然吸附磁石碎屑状态，右侧为清理后状态）

图4-7　磁石样品

质量测量使用电子天平。天平品牌：梅特勒-托利多，型号：ml4002，最小分度值：0.01 g。为了防止磁石对电子天平计数有干扰，在天平托盘上垫了31 cm高的纸箱，使磁石与电子天平之间有足够的距离。

体积测量使用排水法。将磁石置入500 ml（最小分度值1 ml）量杯中，用100 ml（最小分度值1 ml）与25 ml（最小分度值1 ml）两种量筒向量杯中倒入整数体积量的水，待磁石被水盖没后，再用移液管（最小分度值0.01 ml）将量杯中的液面加至225 ml或300 ml。用此方法测得磁石体积精度可视为0.01 cm³。

表4-3　磁石样品主要参数

| 磁石序号 | ① | ② | ③ | ④ | ⑤ | ⑥ |
|---|---|---|---|---|---|---|
| 质量/g | 215.55 | 218.12 | 233.89 | 352.98 | 353.14 | 628.08 |
| 体积/ cm³ | 45.64 | 45.22 | 50.21 | 75.03 | 75.13 | 135.75 |
| 密度/g·cm⁻³ | 4.72 | 4.82 | 4.66 | 4.70 | 4.70 | 4.63 |
| N极最大表磁/Gs | 672 | 520.3 | 581.1 | 586.4 | 752.2 | 639.8 |
| S极最大表磁/Gs | 403.4 | 304.3 | 425.5 | 386.2 | 597.3 | 894.8 |
| 磁矩/emu | 1271.61 | 3028.04 | 4290.62 | 7094.38 | 7163.54 | 12202.09 |
| 磁化强度/emu·g⁻¹ | 5.90 | 13.88 | 18.34 | 20.10 | 20.29 | 19.43 |

磁石表面磁场强度测量使用CH-1600型高精度数字化高斯计[①]（图4-8）。测量方式为将霍尔探头在磁石两端移动，自动记录最大值。测量中，笔者发现在磁石磁

---

[①] 该设备为北京翠海科技佳诚磁电科技有限公司生产，使用一维横向霍尔探头，最小分度值0.001 mT。本文所涉及表磁测量均使用该装置。

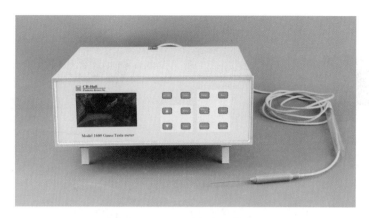

图4-8　翠海CH-1600型高精度数字化高斯计

极的尖端处等极少数部位表磁会有极高值，在磁极的多数位置为较高值。前者比后者一般高出20%～30%。所以在衡量磁石整体磁性时，最大表磁可以作为参考，其代表性要具体分析。

天然矿石的硬度一般用划痕测量。经测定，笔者采集的磁石莫氏硬度6～7，与古代硬玉的硬度相当。古人在加工硬玉方面积累了相当多的加工经验，有成熟的工艺，不存在技术障碍。

# 第三节　古今磁石磁性对比实验

笔者收集的磁石与古人能利用的磁石相比，其天然剩余磁性强度孰强孰弱？如果明显超过古人所用磁石，本研究的指向实验结果就难以代表古代情况。为此，笔者依据古代文献对磁石吸力的描述，进行了吸铁对比实验，对所采集磁石的吸铁量和古文献记载进行比较。

古代文献中有一些对磁石吸铁的描述，可以作为比较的依据。其中最具操作性的记载见撰于公元5世纪（刘宋）的《雷公炮炙论》："一斤磁石，四面只吸铁一斤者，此名延年沙；四面只吸得铁八两者，号曰续末石；四面只吸得五两已来者，号曰磁石。"（雷敩，1986）这段文字根据吸铁的能力，将磁石划分为三等。后世转引该记载时，个别文献将斤写作片[①]。笔者考察发现，北宋《证类本草》《大观本草》《政和本草》写作"斤"；明代《本草纲目》作"片"。显然"斤"的量化方式更为准确，更具可操作性；"片"大小不定，且出现于明代，当为"斤"之误。

其他记载磁石吸刀或针的文献还有梁陶弘景《本草经集注》、唐苏敬《新修本草》、五代韩保昇《蜀注本草》、宋苏颂《本草图经》等。本书第二章都已列举。相比之下，《雷公炮炙论》同时写明了磁石的重量和吸铁的重量，可作为主要测算依据；其他文献记载可以作为佐证。

已知磁石吸铁量与磁体的开路磁化强度、体积、形状，以及被吸钢铁的磁导率、间隙大小有关。要想通过计算的方式获得磁力大小，目前只针对规则形状磁体有一些经验公式；而对于不规则形状磁体，可借助计算机数值模拟软件（如COMSOL Multiphysics等）进行计算；而对于既不规则，磁化又不均匀的天然磁石，可行的办法只有进行吸铁实验。

为了尽可能贴近古文献记载，主要考虑一斤左右磁石的吸铁情况。历代衡制常有变化，不同行业中也多有差别。南朝度量衡沿用自新莽起的古制。《中国度量衡史》考南朝所用古制一斤合222.8 g（吴承洛, 1993）；《中国科学技术史》"度量衡卷"考一斤合220 g（丘光明 等, 2001）。

已知铁粉越细，粉粒的间隙就越小，所吸的总质量越多；粉粒形状越接近球形，粉粒堆积的间隙体积比例越大，所吸的总质量越小。但在较小粒度范围内，这种变化并不明显。刘宋雷敩著《雷公炮炙论》未记载吸铁的颗粒度和形状。从"四面吸铁"来看，说明铁颗粒很小，应该是铁粉或铁砂，而不是颗粒度较大的铁块。因此笔者选用0.01 mm的自由形状铁粉和1 mm铁珠进行吸铁实验。前者粒度显著小于自然形成的铁矿砂，后者粒度显著大于自然形成的铁矿砂，且为球形，更增加了吸附难度。《雷公炮炙论》所吸铁砂的难易程度必然介于此两者之间。这样就使得比较的结果具有了确定性。

照此，用前述①～⑥号磁石样品开展吸铁实验，与古文献记载进行比较。测量磁石吸铁质量所用的电子天平品牌、型号，以及垫纸箱大小与测量磁石质量实验相同。

磁石吸铁的方式：将磁石放置在铁粉或铁珠中，将其完全堆积埋住，用食指与拇指捏住磁石中间位置，拿起来在各个方向轻轻转动，使没有被吸附牢固的铁粉

---

[①] "斤"作"片"的版本区别系闻人军先生指出。

或铁珠在自身重力作用下自然脱落；将其放入玻璃皿中，置于电子天平上称重（图4-9）。每块重复测量12次。其吸铁最大、最小值、平均值和平均差见表4-4。磁石的磁矩用磁石磁矩测量装置测得，并据此计算磁化强度。

磁石吸0.01 mm铁粉的情况

磁石吸1 mm铁珠的情况

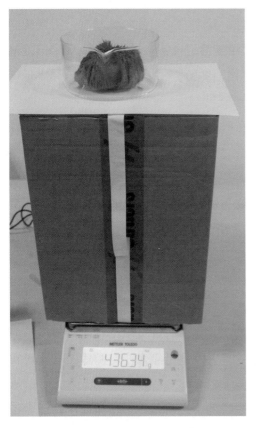
磁石吸0.01 mm铁粉称重

磁石吸1 mm铁珠称重

图4-9　磁石吸铁试验

表4-4　天然磁石吸铁实验数据

| 磁石序号 | | ① | ② | ③ | ④ | ⑤ | ⑥ |
|---|---|---|---|---|---|---|---|
| 铁粉 | 吸铁平均值/g | 197.12 | 206.57 | 243.08 | 110.47 | 42.81 | 401.61 |
| | 吸铁量与磁石质量比 | 0.91 | 0.88 | 0.69 | 0.31 | 0.2 | 0.64 |
| | 吸铁标准差 | 6.42 | 14.53 | 12.09 | 13.63 | 5.10 | 50.76 |
| 铁珠 | 吸铁平均值/g | 204.36 | 236.69 | 141.50 | 77.04 | 31.50 | 446.32 |
| | 吸铁量与磁石质量比 | 0.87 | 0.67 | 0.66 | 0.22 | 0.14 | 0.71 |
| | 吸铁标准差 | 14.364 | 10.910 | 16.889 | 20.900 | 5.209 | 40.879 |

从表4-4来看，①、②、③、⑥号磁石吸铁率较高，与《雷公炮炙论》的记载相比，处于上中等的水平；④、⑤号较低，低于下等水平。①号磁石虽然吸铁率较高，但从表4-3来看，其剩余磁化强度显然低于其他磁石，这是因为它有多个磁极，导致整体磁矩和平均磁化强度降低。

这让我们得到两点认识。第一，磁铁的吸铁量除了与剩余磁化强度有关，还和磁石的形状有关系。细长状的磁石由于磁路比较长，同等强度下，吸铁能力下降。第二，有的磁石有多个磁极，虽然整体磁矩和平均磁化强度降低，但吸铁量不低，即吸铁量与整体磁矩或平均磁化强度并非正比关系。

天然磁石的形状是自然形成的，较为随机，细长状磁石也很常见。古代以吸铁率衡量磁石磁性的时候，很可能发现了细长状磁铁吸铁较少的现象。古人不可能去测量磁矩或剩余磁化强度，也没有就此现象做出专门的解释和论述，可能将之列为磁性较弱的类别。这一现象并不影响我们对古代磁石磁性的评判，反而更加丰富了我们的认识。

开展吸铁实验目的是对笔者采集到的磁石样品与古代文献中磁石的磁性强弱进行比较，看古人能否得到这样的磁石。实验表明，答案是肯定的。本研究所用的磁石与《雷公炮炙论》所记载的磁石磁性相当，用这些磁石来开展古代指南针模拟实验，可以代表古代的情况。

# 第五章
## 磁石勺方案实验

指南针如何起源，这是本领域研究面临的重要问题。

目前已发现的指南针的确切证据最早见于唐代后期，即公元9世纪。该时期有多处文献都提到了用磁针或针来辨别方向。在此之前是否存在磁性指向器，尚未发现考古实物或明确的文献证据。但是古人很早就接触磁石，并开发出了多种与磁石特性有关的应用，这一点是不可否认的。不能排除唐代之前存在磁性指向技术。

本章通过复原实验检验王振铎磁石勺方案的技术可行性，检测磁石在加工过程中的退磁程度，设计多种复原实验，对其他可能性方案进行检验和比较。

## 第一节　磁石指向器实验的思路和设计

磁性指向是一个力学过程，取决于磁体受到的地磁场的动力矩和所依托部件的阻力矩。动力矩取决于材料和地磁场强度，主要受自然条件的影响；阻力矩取决于安装方式，主要受工艺设计和水平影响。为了全面、清晰的检验磁石能否有效指南这个问题，需要从整体性和系统性角度展开实验设计。

磁性指向必然要让磁性构件可以灵活转动。可行的安装方式不外乎固体接触、悬吊和水浮三种（磁悬浮、气垫支撑等方式古代不可能具备，不必考虑）。

对于固体接触，为了尽可能减小转动阻力，就要减小磁性构件与支撑体之间的接触面积；还需要解决重心和接触点之间的位置关系，以防止倾倒。这样一来，可行的方式不外乎两种。

第一种方式是将磁石底部与支撑体接触的部分做成球面，放置在光滑平面上。球面半径越小转动越灵敏，但半径太小又容易导致倾倒，所以需要将磁石上面做成凹面，以降低重心。如果再加上一个指向柄，那就成了勺子。当然，这些认识是笔者在实验前后，经过反复思考得到的。古人不一定按照这个顺序来思考，他们可能会跳跃性思维，或者受日用勺子的启发，直接想到这个方案。但无论怎样，对于"将磁石指向器放置在平面上"这一方案，最理想的磁石外形设计必然是将磁体加工成勺形或近似勺形。这与王充《论衡·是应篇》"司南之杓，投之于地，其柢指南"的文字记载高度相符。

第二种方式相当于把勺形方案上下颠倒过来，将支撑体顶部做成尖端，将磁石朝下的接触面做成凹状，用支撑体将其顶起来。由于尖端可以做得很细，这样灵敏度也更高；为了防止倾覆，磁石凹面需要做的深一些，使其重心低于接触点。

已有的历史资料和复原研究中，采用固体接触安装方式的方案也都不外乎以上两种。王振铎的司南勺方案属于第一种。南宋《事林广记》中记载的指南龟、流传至今的传统旱罗盘、当代各种磁性指南针都属于第二种。第二种安装方式已经普遍应用，其可行性不存在争议，不需实验验证；需要通过实验来检验的是磁石勺方案。

在本研究之前，磁石勺方案除王振铎以外尚未有人能够实现；且由于缺乏必要的设备，王振铎也未能进行定量检测分析，"惜无合宜之量磁仪器，用测其磁性"（王振铎，1948a）[259]。尽管后来林文照用王振铎当年制作的磁石勺做了指向测试，并检测了勺头表磁。但没有重新制作磁石勺，表磁也非衡量磁性指向的有效物理量，未能解决大家的疑虑，争议依然存在，甚至愈演愈烈。

本研究解决这个问题的思路如下：

首先，南宋《事林广记》记载的指南龟系用天然磁石实现指向，已证明了天然磁石指向在一定条件下是可行的。张荫麟把汉代文献与磁性指向联系起来，提出了磁性指向可能出现的时代和技术轮廓。王振铎的复原方案是对该可能性做了具体化的实证工作，有力推进了该项研究。王振铎制作的磁石勺先有李约瑟等多人亲眼见证，后有林文照指向实验测试为凭据；今有笔者亲自操作确实可指南。其技术可行性是确凿无疑的。

本章要解决的问题是：可有效指南的磁石勺能否重复实现？今人能做到，古人能否做得到？利用磁石制作指向器还有哪些可行性方案？是否存在否定性证据表明唐以前不存在磁指向器（或技术）？若这些问题得以解决，就可充分、全面地回答唐代以前是否可能存在天然磁石指向器的问题。

此外，对于悬吊、水浮方案，其技术可行性基本不存在争议，但有哪些优、缺点，需要实验解决。对于勺状方案，也可以用别的材料制作勺体，再将磁石放进勺里面，但其指向性能如何、哪些材料合适，也有待实验检验。出于篇幅和章节编排的考虑这些问题在本书下一章解决。

# 第二节  古代磁石加工工艺水平考察

常有人怀疑在古代技术条件下，是否有能力将石料加工成勺状。虽然目前未见到古代加工磁石的历史资料，但石器和玉器加工工艺的资料很丰富。这些材料的加工工艺是相同的。

自石器时代特别是新石器时代以来，人们在石器加工方面积累了丰富的经验，留下了大量精巧、美观的石器。东北地区兴隆洼文化（距今8000年）、赵宝沟文化（距今7000年）直至红山文化（距今6000～5000年），均出土一定数量的石杯、石罐、石臼、石筒等器皿形石器（于建设，2004），说明当时已经具备了原始的掏膛工艺。在红山、良渚文化时期（距今5300～4500年），出现了数量众多、形态各异的玉石器，相关微痕分析和复原实验表明，当时至少已经出现了研磨、刻划、线性切割和钻孔等方法；借助水和解玉砂，经过铡、錾、冲、压、勾、顺等工序，可完成精细复杂的切割、开槽、穿孔、抛光等工作（孙力，2007）（邓聪 等，2015）。

以安徽凌家滩文化（距今约5000年）遗址（98M16:41）出土的玉喇叭为例（图5-1），其底部实心钻孔，然后再加工修磨扩大，并将表面抛光，使之光滑润亮（徐琳，2011）[68]。照此将磁石加工为勺状，不存在技术困难。

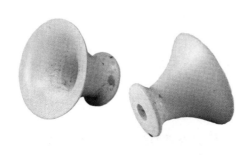

图5-1  凌家滩文化遗址出土的玉喇叭
（徐琳，2011）[68]

青铜时代和铁器时代以来，金属工具的使用极大地提高了石器加工效率。商周时期，玉质器皿开始出现，形成了较高的掏膛、器壁磨圆、抛光等技术。如商代晚期妇好墓出土的玉簋（图5-2），器内掏膛，膛口较大，器外出脊，器身装饰双勾阴刻云雷纹，周身抛光，显示了较全面的治玉技术（古方，2005）。两汉时期的画像石已普遍采用浅浮雕、高浮雕、平面雕、透雕、圆雕等技法（李发林，1965）。

图5-2　商代晚期妇好墓出土玉簋（古方，2005）

玉器加工最便捷的工具是砣具，通过快速旋转磨头，实现较高的加工效率，而且特别适用于钻孔、掏膛工艺。有学者认为，砣具的发明给治玉工艺带来一场革命（杨伯达，1992）。新石器时期是否已经有砣具，目前尚存争议，但这并非不可逾越的技术障碍，例如陶器制作已经使用慢轮修胎和快轮制陶，并被广泛使用。其次，纺轮也大量出现，证明带配重轮的旋转工具在生活中已广泛使用。而商代晚期妇好墓玉簋等大量玉器则表明，进入夏商周时代，砣具已经发明是毫无疑问的。有学者复原了新石器时期的原始砣具和晚商时期的砣具工作场景（杨伯达，1992）。

依据现有资料，古代砣具的面貌始见于明代《天工开物》。该书有砣具的配图，并记载用铁片圆盘和解玉砂切割玉石（宋应星，1637）[861]。法国耶稣会士李明（Le Comte）在清代康熙年间来华，并将其在华五年间（1687—1692年）的见闻写成书信寄给国内要人。其中描述了他在中国见到的磁石和清朝人用砣机可轻而易举地切割磁石，效率极高（图5-3）（李明，2004）。晚清《玉作图说》[①]图文并茂地记载了玉器加工全流程（徐琳，2011）[239-255]。

---

[①]《玉作图说》印本见于毕索普的《玉石的调查与研究》（Bishop. *Investigation and studies in Jade*，New York，1906）该书近年仍在拍卖。文献（徐琳，2011）引用了该书的多幅图片，系由纽约大都会博物馆和故宫博物院提供。

图5-3　晚清时期用砣具切割磁石图（李明，2004）

　　由此可见中国清代磁石资源还是较为丰富的，而且具有显著剩磁的磁石也不稀
缺。这样的磁石在西方是比较少见的。清人用琢玉的工具砣来加工磁石，配合解玉
砂和水，达到了很高的切割效率。结合《玉作图说》来看如果要将磁石雕琢成更为
精细的形状，自然会用到其他加工玉器的工具。

　　综上，至少自商周以来，将磁石琢磨加工成勺状并打磨抛光不存在技术障碍。
有人对此有担心，是对古代玉石加工的历史不了解所致。刘秉正的加工试验中磁石
多有断裂（刘秉正，2006），只能说明其选材有问题，并不能否定磁石的可加工性。
磁石是否适于加工，决于磁石的矿石结构。对于天然矿物而言，即使同种化学物
质，其矿石结构往往差别极大，所以选材工作至关重要。

　　此外，古代切割、琢磨工艺属于低速摩擦，再配合水冷，不会产生高温。磁石
由于热剩磁效应而被磁化，从理论上讲，这样的加工工艺造成的磁石退磁作用会很
小，且在本章亦有实验数据予以证实。

# 第三节　制作磁石勺

　　笔者先制作了一个石膏勺以摸索勺的合理形状，让它既可以灵活转动又不会倾倒，以积累相关经验。然后仿照古代工艺方法，用磁石制作了多枚磁石勺，均有很好的指向性。下面以1、2号勺为例来介绍。

　　1号磁石勺（图5-4）为技术验证品，勺体轮廓就着磁石外形而画定、加工，未预先考虑南北极方向。加工完成后，勺柄固定指向西北方。2号磁石勺（图5-5、5-6）为正式产品，按照预定工序制成，勺柄稳定指南。

图5-4　1号磁石勺（顶部）

图5-5　2号磁石勺（顶部）

图5-6  2号磁石勺（底部）

以2号勺为例，磁石勺的制作程序和要领如下（图5-7）：

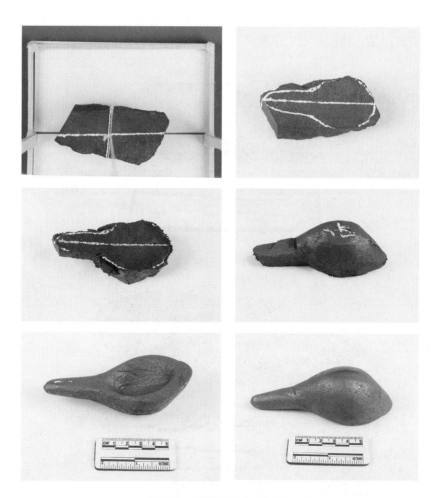

图5-7  2号磁石勺加工过程

磁石选材：外形接近椭长型；通过观察表面吸附的磁石碎屑，选择只有两个磁极分布在两端的磁石；石料颗粒细小、致密，无裂纹。

磁极标识[1]：先用其他非磁性方法判定地理南北正方向（古代可能用圭表等借助日影来定向）。用细绳将磁石悬吊起来，使其长度方向即磁极方向保持水平状态。待磁石静止后，沿着地理南北方向在磁石上画一条基准线，沿基准线在磁石上对称画出磁石勺轮廓。

磁石勺加工：按照画定的轮廓，将磁石勺逐步加工成型。其要领是：下底面加工为椭球形；为了提高指向灵敏度，须使勺底的球面半径尽量小，但因此容易导致勺体倾覆，须将勺头上表面打磨出勺窝状，以降低重心；为了使勺体平衡时，勺柄尽量在水平面内指向，勺柄不宜过粗，以免下沉触地，但也不能太细，以防止断裂；接近勺柄一侧勺窝要深一些，勺底与地盘接触点不在勺头正中，而是略接近于勺柄；最后将勺底打磨圆滑。

加工工具：笔者先用麻绳配合解玉砂，水冷切割，有一定效果，但容易磨断，效率较低；又改用细钢丝绳配合解玉砂，不易磨断，效果提高；后采用旋转式切割机低速旋转（100 n/min），水冷切割。打磨勺窝使用吊磨机和磨头。以上工具的加工效果与古代砣具相同。勺底球面修正使用铁锉，打光使用1200目砂纸。

从本实验加工过程来估测：对于熟练工，制作1枚8 cm大小的磁石勺，用绳砂法大约10日可完成；用钢丝绳法约5日可完成，用砣机2日即可完成。相比磁石勺可能带来的收益，此人力成本并不高。古人会更有耐心地将磁石勺外形琢磨得更加精细。

磁石勺加工完成后，先后将其放置在平面和立体磁力线演示装置上[2]。平面磁力线演示装置有上下两块透明塑料板，下部塑料板的上表面加工出数百个圆柱形凹窝，里面各放一个小铁针；上面用塑料板盖住、夹紧。晃动演示板，铁针可在凹窝内自由活动。立体磁力线演示装置同理。测试显示，无论是俯视（图5-8）、侧视（图5-9）还是整体视角（图5-10）都可以清晰地看到磁力线在勺柄端与勺头之间形成了规则的弧线，显示出这块磁石具有规则的极性分布，可形成较强的整体磁矩，有利于指向。更有趣的是，将磁石勺沿东西方向平放在平面磁力线演示板上，轻轻敲击晃动演示板，随着磁石勺逐渐转动指南，小磁针所展示出来的磁力线也随之变

---

① 以这种方式标识方向，磁石勺加工成型后，勺柄自然会指向地理南北极。这一点与地磁偏角的发现条件有重大关联，本书第九章第三节对此进行了详细探讨。

② 这两种磁力线演示装置是中小学的一种教具，系笔者从网店购买。

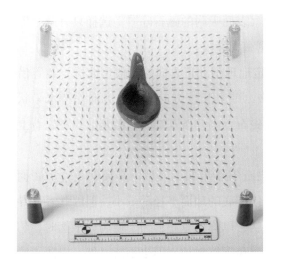
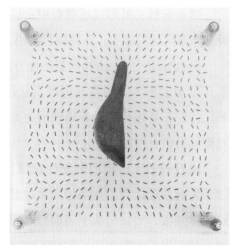

图5-8  磁石勺周边的磁力线分布（俯视）　　　图5-9  磁石勺周边的磁力线分布（侧视）

图5-10  磁石勺周边的磁力线分布（三维展示）

化，显示出磁石勺周边磁场旋转的动态场景，极其直观。

　　至此，我们还可以得到对磁石的加工性能和退磁情况的深入认识。

　　第一，本实验所用的磁石可切削性非常好。本批磁石大多数没有裂纹，颗粒细腻、致密，加工过程中几乎不存在破碎、开裂现象。笔者调查的龙烟矿区内，这样的磁石很容易采集到。铁矿石属于天然矿物，结构差别很大，切削性不佳者当然有，但不能以偏概全地否定所有磁石的可切削性。

第二，以2号磁石勺为例，制作中、成形后及三次加工后的磁性变化参数见表5-1。数据显示磁石磁性变化并不简单。加工过程中，由切割、打磨造成的退磁很轻微，似乎磁化强度会偶有提升。长时间后，磁石勺有所退磁，但很快又稳定下来。第三次少量加工，对磁化强度毫无影响。

表5-1　2号磁石勺加工中及后期磁性变化

| 测量时间 | 质量/g | 外形/ cm | 两端表磁/Gs | | 磁矩/emu | 磁化强度/emu · g⁻¹ |
|---|---|---|---|---|---|---|
| 原状 | 628.08 | 15.8 × 10.3 × 3.9 | 894.8 | 639.8 | 12203.02 | 19.43 |
| 粗坯 | 315.07 | | 804.3 | 655.8 | 5959.25 | 18.91 |
| 成形 | | 长：12.3（体7.6、柄4.7），宽5.0，高3.5 | 790.9 | 690.4 | 4597.48 | 19.32 |
| 第88日 | 237.96 | | 698.2 | 593.1 | 3714.43 | 15.61 |
| 第209日 | | | 699.2 | 592.6 | 3706.52 | 15.58 |
| 第289日 | | | 695.0 | 597.2 | 3719.26 | 15.59 |
| 第500日 | 230.42 | 长：12.3（体7.6、柄4.7），宽5.0，高3.2 | 683.3 | 584.3 | 3578.42 | 15.53 |
| 第530日 | | | 685.0 | 592.1 | 3594.55 | 15.60 |

磁石的剩余磁性来源于热剩磁效应，是从居里点以上降温过程中得到的。矿石凝固后，磁性被"冻结"在磁石内部。低温切割、打磨不会对剩磁产生实质性影响。况且，无论是古人还是本文所用磁石，在开采过程中都已经历过捶打或爆破，装运中也经历剧烈摩擦、碰撞，采集后还具有显著的磁性。相比之下，低温切割自然不会产生大的影响。这在现在岩石磁学理论中也有同样的认识和类似的表述（中国地球物理学会, 1983）。

2号磁石勺成形之初，其开路磁化强度似乎略有提高。笔者认为，这可能是因为此次测量不够精细、重复性不佳，也可能与磁石磁化不均匀或局部方向不一致有关，即剩余部分磁石磁化强度更高或磁化方向更一致。成形后一段时间，磁化强度有所降低，一段时间后稳定于80.3%；到第289日后仍保持此水平。笔者认为此变化是磁石形状改变引起的，即形状改变后，磁石内部原有的磁势平衡被破坏，向低能态发展，直到重新平衡，便保持稳定。第500日继续加工，将勺底形状优化，使其经受较大晃动而不会倾倒，加工量很小，磁矩略有减小，但磁化强度直至第530日未发生改变。

　　磁石是天然矿物，磁化均匀程度不一，个体差异较大；切割后剩磁变化也有所差异；但大的趋势是一致的，即热剩磁本身非常稳定，切割、摩擦等造成的震动和局部高温对剩磁没有影响。之前研究者担心的磁石加工退磁问题就此可以澄清。

　　制作过程中发现天然磁石内部磁化方向并不严格同向，切割以后，剩余部分磁极方向不一定与原磁石相同，导致勺柄指向与预设方位有一定偏差。一方面要尽量选择只有两个磁极的磁石，同时，也可以在加工过程中不时监测，调整切割位置，予以校正。

　　作为对比，王振铎磁石勺的磁矩和磁化强度等参数见表5-2。

表5-2　王振铎磁石勺参数

| 勺体 | 质量/g | 外形/ cm | 两端表磁/Gs | | 磁矩/emu | 磁化强度/emu·g⁻¹ |
|---|---|---|---|---|---|---|
| 3 | 24.85 | 长5.2（体2.8、柄2.4），宽2.1 | 83.5 | 27.2 | 76.71 | 3.09 |
| 4 | 61.15 | 勺直径4.4，高2.0，木柄长4.3 | 110.5 | 36.2 | 138.70 | 2.27 |
| 无标签 | 63.76 | 长10.4（体5.7、柄4.7），宽4.0，高：3.34 | 58.0 | 16.1 | 52.14 | 0.82 |

# 第四节　选择和制作地盘

　　地盘对磁石勺的阻力取决于地盘表面硬度和粗糙度，也是指向性能的决定性因素之一。

　　王振铎方案使用了表面非常光滑的青铜地盘。中国古代青铜镜制作技艺高超，铜镜使用普遍，不存在技术困难。青铜的硬度在一定范围内随含锡量的增加而提高。唐以前铜镜锡含量约为10%～24%（中国青铜器全集编辑委员会，1998）。镜面抛光以细土和木炭粉为研磨剂，可接近光学平面，有一定映照能力。在早期，如此即可使用；秦汉后常在表面涂锡，用白旃（毡）打光，效果更佳。如《淮南子·修务

训》记载："明镜之始下型，蒙然未见形容，及其粉以元锡，摩以白旃，鬓眉微毫可得而察。"（《淮南子》，2010）[634]

为了比较磁石勺在不同硬度和粗糙度地盘上的指向性能，笔者制作了4种地盘。其中光滑程度最好的①号地盘用1200目砂纸打光，用白毡和木炭粉抛光，可勉强照容，接近光学平面。其他3种地盘表面光盘程度和硬度逐级降低。硬度测量使用里氏硬度计[①]，表面粗糙度的测量用粗糙度计[②]，结果见表5-3。

表5-3　地盘参数表

| 序号 | 材质 | 硬度 | 表面加工 | 粗糙度 |
|---|---|---|---|---|
| ① | 锡青铜 | 350（里氏） | 抛光 | Ra：0.172~0.345 μm，Rz：0.487~0.975 μm |
| ② | 锡青铜 | 350（里氏） | 砂纸打光 | Ra：0.350~3.655 μm，Rz：1.783~8.825 μm |
| ③ | 大理石 | 3（莫氏） | 砂纸打光 | Ra：1.120~13.234 μm，Rz：5.547~39.056 μm |
| ④ | 榆木 | —— | 砂纸打光 | Ra：1.520~15.160 μm，Rz：4.299~42.88 μm |

# 第五节　磁石勺指向测试

对于磁石勺指南的操作方法，现有的流行说法是拨动磁石勺使之像陀螺一样快速旋转，待其停止时便可指南。但笔者实际操作发现，这样操作没有必要，也是欠妥的。磁石勺这样快速转动需要很长时间才能停下来；转多圈和转一圈一样，对最终指向的准确性没有影响，完全没有必要；而且快速转动很容易将磁石勺转到地盘之外，可能摔到地上，造成损坏。一般情况下，只要将其放稳，向下触碰一下勺柄，使之上下晃动，勺底与地盘之间的摩擦力成为滚动摩擦，勺体就会快速指南。

我们采用如下方法来测试不同时期地磁场下磁石勺的指向性：

将地盘放置在地磁模拟装置中央；调节电流，根据"磁场-电流"公式设定相应地磁场水平分量；将2号磁石勺平稳放置于地盘中央（图5-11，图5-12）。

---

① 亚测（上海）仪器科技有限公司TH170笔式硬度计；多点测量取平均值。

② 广州兰泰仪器有限公司 SRT-6200粗糙度计（10 μm测针）。Ra：单次测量区间平均粗糙度。Rz：单次测量区间最大粗糙度；多点测量取平均值。

图5-11　2号磁石勺①号地盘指向测试

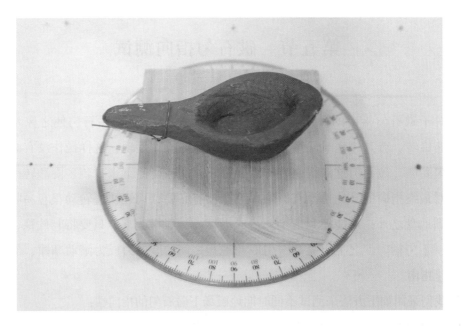

图5-12　2号磁石勺④号地盘指向测试

　　先将勺柄指向正东，用适当的力向下触动勺柄，勺体就会在磁场力作用下一边水平转动，一边垂直摆动（即王振铎所言"播动"），最终指向南方；再将勺柄分别指向正西、正北，重复如上操作，测量指向结果。为了提高测量精度，在勺柄安装细铜丝，地盘下面垫全圆量角器，精确度达到1°。

由于2号磁石勺磁矩发生变化，笔者做了多次指向测试。其中，磁矩稳定后（磁化强度约15 emu/g）指向偏差度见表5-4。

表5-4　2号磁石勺指向偏差度

| 地磁强度水平分量/Gs | 0.632 | | | | 0.5 | | | | 0.4 | | | | 0.276 | | | |
|---|---|---|---|---|---|---|---|---|---|---|---|---|---|---|---|---|
| 地盘 | ① | ② | ③ | ④ | ① | ② | ③ | ④ | ① | ② | ③ | ④ | ① | ② | ③ | ④ |
| 正西启动 | -2 | 0 | 0 | 2 | -2 | -2 | 1 | 3 | 3 | 2 | -1 | -5 | -3 | 4 | -1 | 6 |
| | 1 | 2 | 1 | -4 | 2 | 3 | 4 | 4 | 1 | 3 | -3 | 6 | 1 | 2 | 4 | 4 |
| | 2 | -3 | -2 | 3 | 3 | 2 | -4 | 2 | 0 | 4 | 3 | 5 | 4 | 2 | -5 | 6 |
| | 2 | 3 | 1 | 2 | -2 | -2 | 2 | 3 | 3 | 2 | 1 | 4 | 2 | 2 | 4 | 1 |
| | 1 | 2 | -2 | 3 | 1 | 3 | -3 | -5 | 1 | 2 | -3 | 3 | 1 | 5 | 2 | 4 |
| 正北启动 | 3 | -1 | -2 | -1 | -1 | -3 | 2 | -4 | 1 | -3 | 4 | -5 | 3 | 7 | 5 | 2 |
| | 1 | 2 | -3 | -3 | 2 | 1 | 2 | -2 | -1 | 2 | -4 | -6 | 2 | 3 | 4 | -5 |
| | 1 | 1 | 4 | -1 | 1 | 1 | 3 | 2 | 1 | -3 | 2 | 3 | -3 | 1 | 4 | -4 |
| | 2 | -1 | 1 | 4 | -3 | -1 | -3 | -5 | -2 | -1 | 2 | 4 | -1 | 3 | 8 | -3 |
| | 2 | 2 | -2 | 2 | -2 | 1 | 2 | 3 | -2 | 3 | 1 | 2 | 4 | 4 | -1 | -1 |
| 正东启动 | 3 | 3 | 2 | -3 | 1 | 3 | -2 | 1 | -1 | -2 | 2 | -4 | 1 | -3 | -3 | -6 |
| | 1 | 2 | 1 | 2 | 1 | 2 | -2 | -2 | -2 | 2 | 1 | 1 | 4 | -3 | -5 | 4 |
| | 2 | 3 | 3 | 2 | 1 | 2 | -4 | 0 | 1 | 3 | 2 | 4 | -3 | -2 | 6 | 7 |
| | 1 | -2 | 3 | 5 | 0 | 1 | 1 | 1 | 3 | -1 | 1 | 1 | 4 | -2 | 5 | 9 |
| | 2 | 1 | 2 | 2 | 1 | 1 | 2 | 3 | 0 | 3 | 3 | -5 | 2 | 4 | 1 | 6 |
| 分布范围 | 5 | 6 | 7 | 9 | 6 | 7 | 8 | 10 | 5 | 7 | 8 | 12 | 7 | 10 | 13 | 15 |
| 标准差 | 2.29 | 2.50 | 2.75 | 3.52 | 2.44 | 2.78 | 3.57 | 4.08 | 2.20 | 3.13 | 3.07 | 5.34 | 3.43 | 4.25 | 5.46 | 6.32 |

*指向偏差正值表示南偏西，负值表示南偏东。

结果显示，在古代高地磁水平分量时（0.632 Gs，约东汉时期），磁石勺有着极佳的可用性，在4种材质地盘上，无须人为触动勺体，仅凭借磁场力即可有力自主转动，并指向南方。在古代中等地磁水平分量时（0.4～0.5 Gs，约战国至西汉，及南北朝至唐前期），磁石勺在青铜表面仍有上佳表现，可自主转动指南；在大理石、榆木表面需要触碰勺柄，助其启动，然后自动指南。在低地磁水平分量时（0.276 Gs，北宋及现代），磁石勺在抛光的青铜表面仍可自主启动，但最终指向存在较小偏差，人为触动勺柄可继续转动，最终准确指向；在砂纸打光的青铜、大理石、榆木表面上有时自主启动比较费力，但触动勺柄后，仍具有指向效果，略有偏差。

笔者还在其他常见平面上做了反复测试，如平整的石板面、硬木桌面或地板、水泥地面等，发现在硬质、平整、略有微小颗粒感的平面上，2号磁石勺也具有良好的指向效果。在勺体晃动的时候，微小颗粒会促使勺体发生振动，有助于勺体转动。这说明地盘并非必需品，只要有合适的地方，磁石勺即可指向。

结合图3-18地磁场历史演变曲线，我们可以认为，在公元前200年—公元800年这1000年的时间段内，洛阳、天水与北京（含周边）之间的广大区域内，与测试所用磁化强度级别相当的磁石勺，可具有极佳的指向性；在其他地磁水平分量较低的历史时期，也完全可以使用。由于2号磁石勺所用磁体天然剩余磁化强度与古代较优磁石相当，这也表明公元前200年—公元800年这1000年时间段内，比优等磁石剩余磁化强度低一半左右的中等磁石也都可用。由于具有优等剩余磁化强度的磁石所占比例很小，这样一来可用磁石材料的范围即可拓展数倍，大大拓展了古代可利用磁石的材料来源。即在秦汉至唐中期这段时期内，各种因素都支持当时更容易实现磁性指向。

# 第六章
## 磁石指向器其他方案实验

对于磁石指向方案，除了磁石勺，还有其他一些可能性。研究者们对此已有一些探讨，但缺少必要的实验或者实验有待深入和规范化，分析和论述也有待具体化。沿着第五章第一节讨论的思路，本章对勺状方案其他类型，以及悬吊和水浮方案开展了指向实验和分析。

## 第一节　金属勺盛放磁石

以勺形为基本外形，除了王振铎的磁石整体加工方案，还可以做一些其他尝试，如不对磁石进行精细加工，而是将其粗略加工或者直接放置在勺形支撑物内，调节磁石的方位，使勺柄指南，再用胶或蜡封固。勺柄能否准确指向南方，或者固定指向任一选定方向。若跨地区使用，地磁偏角有变化，这样还可以重新校正磁石方向。为了提高勺底的光滑程度和硬度，可以使用坚韧、耐磨的金属材质，这样脆弱的勺柄也不易损坏。可能很多人都会想到这种方案。这样做技术上是否可行，有何种优缺点，笔者开展了实验研究。

中国古代冶炼和使用的金属已证实的有铜、金、铁、铅、锡、银、汞、锌等八种。汞在常温下呈液态，锌的冶炼和大量使用时间在明代以后。在先秦至唐宋的技术背景下，制作金属勺体可能使用的材质有金、银、铜、铁、锡、铅等六种。对于制作磁性指向器而言，从技术可行性角度来看，铁具有铁磁性，与其他金属有显著区别，可能会产生一些重大差异，需要开展实验。其他5种金属主要是密度有所差异，会造成一些影响；其制作工艺对其技术可行性影响不大，可选择密度相对较低的铜来制作。铁和铜在先秦至唐代的产量一直很大，可以方便获取，具有很好的代表性。

## 一、铜勺盛放磁石方案

笔者选用大、小两个红铜勺做进一步加工，制成了本实验所用的勺体。主要是将勺体底部加工成曲率较小的球面，其方法是先用锉刀修理圆滑，再先后用200目和1200目的砂纸将球面打光，用白毡和木炭粉打磨，至勉强照容状态，并将勺柄的长度和勺体的质量控制在适合的范围内。将7号、8号两块磁石分别放置在两个铜勺内，再整体放置在①号地盘（锡青铜，抛光）上进行指向测试（图6-1～图6-4）。铜勺和磁石的结构、磁性参数见表6-1：

图6-1　经过加工的小铜勺

图6-2　经过加工的大铜勺

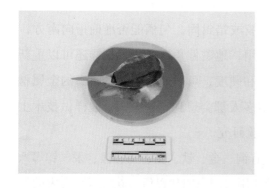

图6-3　7号磁石与小铜勺指向测试

图6-4　8号磁石与大铜勺指向测试

表6-1　铜勺盛放磁石指向实验参数

| 项目 | 质量/g | 体积/cm³ | 外形特征/ cm | 表磁/Gs | | 磁矩/emu | 磁化强度/emu · g⁻¹ |
|---|---|---|---|---|---|---|---|
| 7号磁石 | 30.15 | 8.15 | 4.63 × 1.67 × 1.42 | 617.30 | 616.50 | 899.71 | 29.84 |
| 磁石+小铜勺 | 56.20 | − | 9.47 × 4.0.53 × 1.16 | − | − | | 16.00（整体） |
| 8号磁石 | 239.19 | 68.34 | 8.22 × 5.8.10 × 3.47 | 482.30 | 432.50 | 4031.43 | 16.87 |
| 磁石+大铜勺 | 327.65 | − | 15.79 × 10.30 × 2.34 | − | − | | 12.30（整体） |

测试结果显示，在当代地磁环境下，两个铜勺都具有一定的指向性；在古代地磁分量水平较高时期，其指向性更明显。相比整体雕琢而成的磁石勺，这种方案的不足之处是：铜勺自身质量较大，对同一块磁石而言，会显著降低整体平均磁化强度；磁石盛放在勺窝内提高了整体重心，为防倾覆，勺底球面半径显著大于磁石勺，又降低了灵敏度。当然，将铜勺做得轻薄一些，或者选用剩余磁化强度更高一些的磁石，可在一定程度上提升指向效果。

从技术可行性来看，铜勺盛放磁石的方案是可行的。同理，金、银等金属也是可以采用的，但由于它们的密度更高，导致整体平均磁化强度更低，指向性能会有所降低。但在古代较高地磁水平分量条件下，这对实际指向的影响也是可接受的。

从外观品相看，由于笔者自制的磁石勺和铜勺都没有进行深度的美观加工，不好轻易判断；但若以王振铎所制的无编号勺（图1-1）作为比较，铜勺盛放磁石方案若要达到这样的外形效果，需要多下一些功夫。

综上，铜等非磁性金属勺盛放磁石指向方案是可行的，但外观品相不易达到磁石整体雕琢所具有的浑然天成效果，若精心制作，如利用金属镶嵌、鎏金等工艺，也可具有精美的外观。

二、铁勺盛放磁石方案

铁属于铁磁性材料，具有较高的剩磁和磁导率。如果磁石放置铁勺中，组成"铁-磁石"复合指向器，其指向性能与"铜-磁石"组合方案相比，效果如何？我们就此开展了实验。

汉代钢铁产量已经很大，铁器的使用也非常普遍。除了农具、兵器等，日常生活用具如勺、铲、厨刀、针等也多有发现。先秦两汉时期考古出土的部分铁勺各地多有发现，如：准格尔旗西沟畔战国晚期墓地铁勺，勺头为椭圆形，柄为扁平长条形，并首残，残长18.2 cm（伊克昭盟文物工作站 等，1980）；徐州东甸子西汉早期铁勺，口径11.6 cm、通高14.0 cm；三门峡三里桥西汉前期铁勺，残长23.0 cm；章丘东平陵故城汉代铁勺，通长12.3 cm。此外，侯马乔村西汉墓，襄樊郑家山秦末汉初墓地等地也发现了铁勺，形状信息不详（图6-5）（白云翔，2005）[257]。

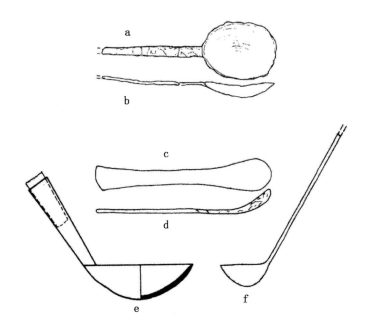

a、b：准格尔旗西沟畔战国晚期墓地铁勺；c、d：章丘东平陵故城汉代铁勺；

e：徐州东甸子西汉早期铁勺；f：三门峡三里桥西汉前期铁勺

图6-5 汉代铁勺（白云翔，2005）[257]

这些铁勺与王振铎司南复原所依据的朝鲜乐浪郡漆木勺、林文照所列举的江苏仪征汉墓同类型漆木勺（王勤金 等，1987）有一定差异。但古代制作适合指向用的铁勺在技术上丝毫不是问题。现在我们开展实验可以制作合适形状的铁勺。

本方案是将磁石放置到铁勺中，不涉及铁勺剩磁的问题，所以不用考虑铁勺的碳含量。为了便于加工，本书用材质较软、容易锻造的熟铁片制作了5枚不同大小、形状的铁勺（①~⑤号）（图6-6a）。勺底打制呈半球形，其球径依序号大小逐步增加。下表面先后用200目和1200目砂纸打光，再用白毡和木炭粉继续抛光，将其表面粗糙度降低到古代可实现的水平。将经过外形加工的9号磁石（磁矩1006.58 emu，48.05 g）先后放置在每个铁勺上，使其S极朝向勺柄，用磁石磁矩测量装置测量其整体磁矩，结果见表6-2。再将各个铁勺先后放置在①号地盘（锡青铜，抛光）中心，进行指向测试（图6-6 b~f）。

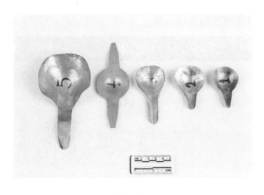

a：①~⑤铁勺

b：①号铁勺盛放磁石指向

c：②号铁勺盛放磁石指向

d：③号铁勺盛放磁石指向

e：④号铁勺盛放磁石指向

f：⑤号铁勺盛放磁石指向

图6-6　铁勺盛放磁石指向测试

测试过程是先将勺柄指向正北方，用适当的力度向下触动勺柄，任其自由运动，铁勺勺柄一边上下播动，一边向南方转动，记录停止转动时勺柄中线与地磁南北极之间的夹角，结果见表6-3。

表6-2　铁勺盛放磁石指向测试的各项参数

| 序号 | | ① | ② | ③ | ④ | ⑤ |
|---|---|---|---|---|---|---|
| 铁勺质量/g | | 5.89 | 7.23 | 8.84 | 12.74 | 24.35 |
| 外形/mm | 全长 | 65.5 | 68.6 | 97.9 | 149.2 | 150.5 |
| | 柄长 | 26.9 | 26.2 | 49.3 | 46.4 | 69.9 |
| | 宽 | 43.1 | 45.2 | 50.4 | 56.9 | 87.2 |
| | 厚 | 10.9 | 10.9 | 14.9 | 10.4 | 37.9 |
| 整体磁矩/emu | | 388.19 | 392.44 | 324.14 | 217.28 | 92.18 |
| 剩余磁矩百分比 | | 38.57% | 38.99% | 32.20% | 21.59% | 9.16% |

表6-3　铁勺盛放磁石指向测试结果

| 铁勺序号 | | ① | ② | ③ | ④ | ⑤ |
|---|---|---|---|---|---|---|
| 指向偏差/° | 1 | −2 | −4 | −5 | 8 | 45 |
| | 2 | −3 | −5 | −10 | 9 | 23 |
| | 3 | −4 | 4 | −7 | 12 | −25 |
| | 4 | 4 | 2 | −5 | −14 | −34 |
| | 5 | 3 | 5 | 4 | 16 | 45 |
| | 6 | 6 | −4 | 6 | −9 | 42 |
| | 7 | −5 | −6 | 9 | 10 | −41 |
| | 8 | 9 | 4 | 8 | −9 | 39 |
| | 9 | 4 | 3 | 4 | −16 | −23 |
| 分布范围/° | | −5~9 | −6~5 | −10~9 | −14~10 | −34~45 |
| 标准差 | | 4.7 | 4.7 | 6.9 | 11.8 | 35.9 |

　　结果显示，①、②、③号铁勺具有一定的指向性，而④、⑤号则基本没有指向性。测量发现将磁石放入铁勺后，整体磁矩减小为原来的9.16%～38.99%。这是由于铁具有很高的磁导率，可将多数磁力线汇聚在勺体内构成闭合磁路，整体开路磁矩和平均磁化强度显著减小。勺体越大，屏蔽作用越强。用铁勺来提高指向性反而起了负作用，相当于整体磁矩和磁化强度都被削弱。

## 第二节　悬吊指向方案

　　关于古人有意识地将磁石悬吊起来的文献记载，目前最早见于公元前2世纪成书的《淮南万毕术》，属于一种招魂活动。后世指南针多也用悬吊法。北宋沈括《梦溪笔谈》记载："取新矿中独茧缕，以芥子许蜡缀于针腰，无风处悬之，则针常指南。"（沈括，1975）沈括还认为此法适用、可行。明代方以智《物理小识》卷八"指南说"的注中引滕揖的话："铁条长而均者，悬之亦指南。"（方以智，1937）明代李豫亨《青乌绪言》中也记有堪舆家悬铁条使它指向的方法："近遇地师汪弄丸者，始知以铁杖不拘巨细，系绳悬之，以手击之旋，旋定必指南，即罗经法也，余试之良然。"（王玉德 等，1993）这两条文献也表现出古代日常使用的铁器一般情况下都会带有磁性。笔者第八章的实验发现，《武经总要》"鱼法"的磁化机理即与此有关。

　　磁石勺制作过程中已经显示磁石悬吊后确实具有指向性。需要进一步解决的问题是：悬吊时绳子内部扭矩对磁石指向有多大影响，用于指南有没有其他技术问题。笔者就此开展了以下实验。

　　用2 mm粗的麻线将6块不同形状的磁石捆绑悬吊起来（图6-7），其N、S两极处于同一水平高度，置入古地磁场模拟装置中。将地磁场水平分量分别设定在现代值与《淮南万毕术》成书时代（公元前2世纪）之间，触动磁石自由转动，观察磁石运动情况。再将磁石在水平方向旋转10圈，看麻绳中增加的扭矩对磁石指向有无影响。

　　结果显示，有5块磁石无论是在当代磁场还是在古代最高级别磁场强度下，都

图6-7　磁石悬吊指向测试

会有固定的朝向；自然指向和转动10圈后，都不受麻绳扭矩影响，始终都有固定的朝向；如果在磁石上面标记出方位，那么磁石就可以用来指向。有1块磁石指向现象不明显，转动后有多种固定指向，原因是该磁石有多个磁极。

悬吊指向的缺点是，磁石被触动后需要数分钟才能基本稳定下来，但始终无法完全静止。这是由于磁石的质量较大，转动惯量和初始角动量也较大，而空气的阻尼相对太小。对这一点，可以用手辅助制动。但悬吊的方式致使磁石易受气流冲击或麻绳晃动的影响，难以保持稳定，无法完全静止。

结合本实验结果和《淮南万毕术》的记载，我们可以认为，在"磁石悬吊入井"这样的活动中，其设计者或执行者有足够的条件发现磁石固定指向现象。因为这是将磁石悬吊起来后最显著的现象。再反过来思考，之所以设计这个方案，其意图很可能是要实现磁石固定指向。这样裹上亡人的衣服后，从外表看来，就像亡魂控制住了衣服或者附在了衣服上一样。这个效果正符合方士们招魂的意图。

方士们在悬吊磁石时，如果按照已知的方位在磁石上进行标识，就使其基本具备了磁性指向功能。这是很容易想到和做到的。但他们是否这样做了，目前还没有发现确切记载。若要使磁石能静止下来，提高指向精确度，最佳的方案就是把磁石做成勺状，放在光滑平面上，以形成适当的摩擦力。

笔者认为，只要方士们有磁性指向的需求，他们就有意愿、有能力开发出这个功能。是否有这个需求，还要看他们将磁性指向现象做何种解释，能将此现象与哪些信息或事物关联起来，共同发挥出最大价值。例如，后世的罗盘本是很单纯的磁性指向工具，与堪舆术结合在一起，就可相得益彰，大行其道。

# 第三节　水浮指向方案

关于水浮法也有一些文献线索。唐代韦肇《瓢赋》云："挹酒浆则仰惟北而有别；充玩好则校司南以为可。"李志超认为这是把磁石装在葫芦里面，通过水浮的方式来指南（李志超，2004a）（李志超，2004b）。近来，闻人军将摩擦磁化钢针放置在花生壳上，模拟磁石水浮指南，也得到了较为理想的效果（闻人军，2015）。但该实验用现代铁氧体材料与钢针摩擦磁化，超出了古代的技术条件。

唐代段成式的《酉阳杂俎续集·寺塔记上》云："有松堪系马，遇钵更投针。"当中"遇钵更投针"应当是用水浮法，即将针浮钵盂之内。北宋《武经总要》"鱼法"、《梦溪笔谈》磁针"水浮法"、南宋《事林广记》"指南鱼法"等均系水浮法。

还有古代文献提到磁石与葫芦（瓢）相互组合，但没有说浮于水面，可视为与水浮指南技术相关的衍生技艺。如南宋庄绰《鸡肋编》卷中将磁石捣碎成粉末，以胶涂在两个瓢中，使其"跳跃相就，上下宛转不止"；以及南宋陈元靓《事林广记》类似的"葫芦相打"之法等。

从原理上看，水对磁性组件所产生的阻碍作用表现为阻尼形式。磁性组件快速转动时阻力较大，低速转动时阻力会显著减小，既有助于快速定向也可准确指向。水浮法是一种合理的、有发展前途的安装方式。但在实际使用中，水浮法存在哪些不足，还需要通过实验检验。笔者设计了以下三个方案：

方案一：圆形木块盛放磁石

向盆中倒入一半高度的水，上面放置一个圆形木块（直径80 mm，厚8 mm）。选取切割剩余的小片箭头状磁石（10号），其S极位于尖端（图6-8，表6-4）。将该磁石放在木块上进行指向测试（图6-9）。发现木块和小磁石较快的转向，并沿南北方向两侧往复摆动，50 s后，稳定下来。磁石尖端固定指向地磁南极方向。磁石稳定下来所用时间较长。由于水的表面张力作用，木块与磁石常向水盆边缘漂浮，接触水盆边缘转动停止。木块的体积越大，这种现象越明显。

图6-8　10号磁石

图6-9　10号磁石水浮指向测试

### 方案二：小葫芦盛放磁石

取一个小葫芦，从底部烫洞，内部掏空。将一小块磁石，以南北极方向为长度方向，加工成条状，命名为11号磁石（表6-4，图6-10）；将该磁石装在小葫芦里，令S极朝向葫芦口；用蜡封住底部（图6-11）。在葫芦口部插一细针，以提高指向精度。将小葫芦放入水盆中。小葫芦快速转向，约10 s左右，葫芦口稳定指向地磁南方（图6-12，箭头方向为地磁场南北极），没有像圆形木块一样往复摆动，也容易向盆边缘漂浮，但情况略好于圆形木块。

表6-4　磁石和装有磁石的葫芦磁矩测量

| 项目 | 质量/g | 体积/cm³ | 外形特征/cm | 表磁/Gs | 磁矩/emu | 磁化强度/emu·g⁻¹ |
|---|---|---|---|---|---|---|
| 10号磁石 | 11.13 | 2.54 | 52.16×17.27×10.46 | N:152.1　S:228.4 | 124.28 | 11.17 |
| 11号磁石 | 5.14 | 1.05 | 38.96×26.23×6.10 | N:132.4　S:152.4 | 60.76 | 11.82 |
| 装11号磁石的小葫芦整体 | 8.70 | — | | | — | 6.98（等效） |
| 12号磁石 | 86.40 | 19.81 | 88.96×66.23×16.10 | N:438.1　S:654.0 | — | 17.07 |
| 装12号磁石的大葫芦整体 | 102.23 | — | | — | 1474.92 | 14.41（等效） |

图6-10　11号磁石条

图6-11　11号磁石条装入小葫芦

### 方案三：大葫芦盛放磁石

取一个大葫芦，从中间剖开，掏空，将12号磁石（表6-4）放在里面（图6-13），整体浮于水面，调节磁石方位，使大葫芦柄指向地理南方。用蜡将磁石固定，再将大葫芦整体复合，粘牢密封好（图6-14）。将大葫芦放入水盆中，大葫芦

图6-12　小葫芦水浮指向测试

图6-13　剖开大葫芦装入12号磁石

图6-14　密封后的大葫芦

图6-15　大葫芦水浮指向测试

快速转向，约10 s左右，大葫芦柄稳定指向地理南方（图6-15，箭头方向为地磁场南北极）；也没有往复摆动；但与小葫芦相比，更容易向水盆边缘漂浮。

综上，采用水浮法进行磁性指向，从技术上是可行的。但其显著的问题是，由于受到水的表面张力作用，浮块很难稳定在水盆中央，极易漂向旁边接触水盆边缘，导致失败；浮块面积越大，此现象越严重。王振铎也曾指出传统磁针式水罗盘也有此弊端（王振铎，1978）。水浮法还需要提前盛水，有所不便，即适用性有一定不足。

此外，在方案二中，笔者沿着磁极方向来加工磁石，而非制作2号磁石勺时的地理南北方向。该方案验证并展示了如果用磁极方向来标识方位，天然磁石指向器自然会指向地磁南北极。当然，这在技术上本不是问题。问题在于古人是否会选择这种选向方式，以及由此能引发我们哪些思考，得到哪些认识。我们在第九章第三节对此做了进一步论述。

# 第七章

## 铁质指南针摩擦磁化实验

铁质指南针的发明和使用是指南针发展史上划时代的、革命性的进步。从文献记载来看，古代铁质指南针的磁化机理有摩擦磁化（即等温磁化）和利用热剩磁效应磁化两种。其中，摩擦磁化的应用范围非常广，居于主流地位。

古人很早就已发现铁可被磁石吸引。原本没有磁性的铁能被磁石吸引，即由于其被磁石磁化所致；若与磁石相吸附或摩擦时间足够长，就会获得一定的剩磁。铁是典型的铁磁性材质，多数铁碳合金具有优良的磁学性能；无论是饱和磁化强度，还是剩余磁化强度均显著高于天然磁石。铁质指南针因此具有上佳的指向性，并获得了极大的发展，如有针形、鱼形、菱形等外观，被用于海上导航，并传播到世界其他地区。

指南针与磁石摩擦，其剩磁能达到何种级别？与磁针的材质、制作工艺有何关系？这对指南针的发展和演变有着重要影响。由于文献记载对工艺内容描述简略，已有研究对摩擦磁化指南针磁性构件的材料如何选择、磁化工艺的细节以及磁化效果等问题尚未深入探究，对铁质指南针的演变及其技术原因缺乏深度分析。对此，笔者设计开展了系列实验对这些问题进行探索。

# 第一节　磁针式指南针

## 一、磁针式指南针的起源

从目前的资料来看，铁质指南针的明确文献记载最早见于唐代后期。晚唐段成式《酉阳杂俎续集·寺塔记上》云："有松堪系马，遇钵更投针"；"勇带绽针石，危防邱井藤"。唐代卜应天《雪心赋》记载："立向辨方，应以子午针为正；作当依法，须求年月日之良。"（卜则巍，2001）罗盘针的形象最早见于南宋，江西临川南宋庆元四年（1198年）墓出土了两个张仙人俑（图1-2），各手持一个罗盘，上面有菱形、中心穿孔的磁针形象。

此外，潘吉星和李约瑟还认为西晋崔豹《古今注》中记载的"蝌蚪，虾蟆子也，一名悬针，一名玄鱼"（崔豹，1960），可能系磁性指向器从磁石勺向磁针过渡的类型。潘吉星等认同"丘公正针"、"杨公缝针"和"赖公中针"分别为唐中、唐末和宋代形成之说，认为至迟在唐代已出现堪舆用的水罗盘，且已发现地磁偏角；从《九天玄女青囊海角经》关于罗盘面正针和缝针的记载（佚名，1934），判断9—10世纪之际，中国堪舆师已经用磁针代替磁石勺作为指南仪器的磁体；同时，方位盘也从方形向圆形过渡（潘吉星，2004）。北宋杨惟德《茔原总录》、杨筠松[①]《青囊奥旨》、公元9—10世纪的《管氏地理指蒙》都提到铁针磁化后可指向南北，也提到了地磁偏角（管辂，1934）。其中《茔原总录》被认为是当前已发现最早关于地磁偏角的记载。但余格格认为《茔原总录》乃宋末元初人托名所作，其磁偏角的记载糅合了南宋胡舜申《地理新法》中的内容（余格格，2016）。

笔者认为，关于铁磁性指南针发明的时代上限，据当前资料尚不宜轻易断定，西晋、三国时期制作铁磁性指南针不存在技术困难，但缺少文献支持。唐代已经有很多文献讲到了指南针，个别文献成书时间或不确定或有争议，一些文字

---

① 杨筠松（834—900）名益，字叔茂，号筠松，唐代窦州人，江西堪舆形法理论祖师，著《疑龙经》等。

可能是后人补入。但在这个时代出现如此多的关于指南针应用的记载，表明指南针已普遍使用。

根据古代文献记载和前人研究，铁质指南针的磁化机理有摩擦磁化（即等温磁化）和利用热剩磁效应磁化两种。前种的应用范围广泛，其磁性构件有针形、菱形和鱼形三类。后种目前仅见于《武经总要》，方法独特。由于文献记载对工艺内容描述简略，已有研究对摩擦磁化指南针磁性构件的材料如何选择、磁化工艺的细节以及磁化效果怎样等问题尚未深入探究，导致对铁质指南针结构演变及其技术原因缺乏深度分析；对《武经总要》"鱼法"磁化机理的认识有偏差；需要开展规范的实验来进行实证研究。

从本章开始，笔者通过系列磁化实验对古代各种铁质指南针的材质、工艺特点和磁化效果开展研究。

## 二、古代铁针的制作工艺

针在古代的需求量非常大。有学者对古代制针技术做了考察研究（王斌，2011）。中国古代的针都为碳钢材质，以低碳钢居多，如山西侯马东周时代烧陶窑址出土铁针（山西省文管会侯马工作站，1959），新疆鄯善苏贝希墓地出土公元前3世纪低碳钢针（图7-1），湖北江陵凤凰山167号汉墓出土1枚西汉文景时期的缝衣针及针衣（凤凰山167号汉墓发掘整理小组，1976），湖北荆门包山2号楚墓出土1枚钢针（图7-2）（湖北荆沙铁路考古队包山墓地整理小组，1988）等。

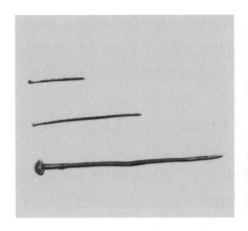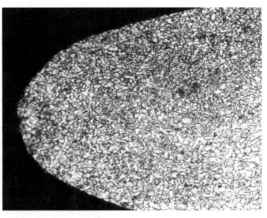

（基体为铁素体与珠光体，属于低碳钢）

图7-1　新疆鄯善苏贝希墓地出土公元前3世纪钢针及针尖金相图（潜伟供图）

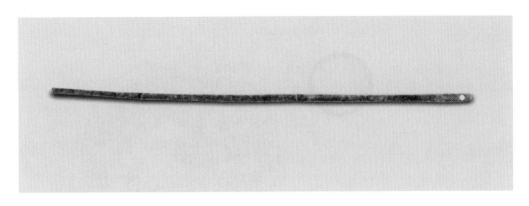

图7-2　湖北荆门包山2号楚墓出土钢针（湖北荆沙铁路考古队包山墓地整理小组，1988）

明代《天工开物》对钢针的制作工艺有一段详细的描述：

> 凡针先锤铁为细条。用铁尺一根锥成线眼，抽过条铁成线，逐寸剪断为针。先鎈其末成颖，用小槌敲扁其本，钢锥穿鼻，复鎈其外。然后入釜，慢火炒熬。炒后以土末入松木火矢、豆豉三物罨盖，下用火蒸。留针二三口插于其外，以试火候。其外针入手捻成粉碎，则其下针火候皆足。然后开封，入水健之。凡引线成衣与刺绣者，其质皆刚。惟马尾刺工为冠者，则用柳条软针。分别之妙，在于水火健法云（宋应星，1637）[815]。

以上制针过程综合运用了拔丝、剪切、鎈削、冷锻、钻孔、退火、表面渗碳处理、淬火等金属工艺，并用"外针"的氧化程度来测试渗碳针的火候即热处理的完善程度。

### 三、传统罗盘的结构与磁针的材质

笔者拆解了两部安徽万安吴鲁衡老店罗盘（图7-3）[①]。关于万安罗盘的结构，特别是磁针安装方式，王振铎曾经做过考察（王振铎，1989）[206-218]。万安罗盘制作技艺入选了国家级非物质文化遗产名录，对其制作过程也有了较为详细的调查（冯立昇，2016）。万安罗盘与安徽休宁新安镇罗盘磁针等活动构件的安装方式相同，先将一条细小的铜带从中间向下对折，上端夹住磁针，下端向下穿过一个圆形锡片的中心圆孔，再岔开，分别插入一个矩形铜片的两端孔内，再弯折固定在矩形铜片中间做成一个向上的凸起，放置在罗盘中心的钢针上。锡片隔板既遮住了下部凌乱的部

---

① 其中一部罗盘是由万安罗盘制作技艺传承人赠予清华大学冯立昇教授，冯教授又转赠笔者做研究；另一部是笔者从吴鲁衡老店购买。

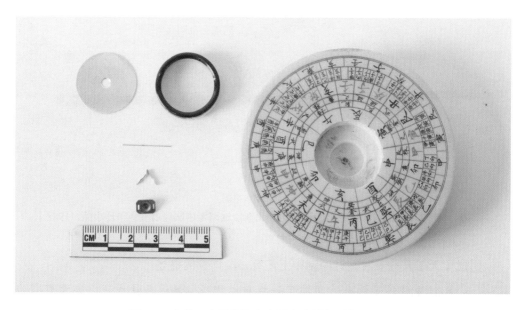

图7-3　安徽万安吴鲁衡老店罗盘（拆解后）

分，显得整齐；又可以卡住下方的铜片，防止活动构件掉出来。上面整体再安装一个透明盖子，保护磁针，防止触碰。

笔者选取其中一枚罗盘所用磁针（0号）进行测试。该磁针具有很好的弹性，弯折30°左右可以自动恢复原状。磁针纵向剖面金相照片（图7-4）显示，磁针内部有显著的分界层，有少量夹杂物，沿着长度方向被挤压、拉伸。基体由铁素体和珠光体组成，判断碳含量约0.2%~0.4%，属于亚共析钢（中低碳钢）。晶粒非常细小、均匀，在长度方向上未见挤压或拉伸的迹象，表明磁针在成形后又经历了淬火和回火的热加工。

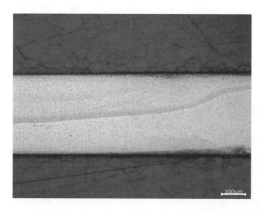

图7-4　万安罗盘磁针金相照片

四、磁化实验

如第三章第三节所述，磁针碳含量、加工工艺等对磁性的影响方式和机理在现代铁磁学中已有结论。我们关注的是，用天然磁石将磁针摩擦磁化，剩磁能达到什么样的水平，针的尺寸、碳含量和热处理对剩磁影响程度如何？

对此，笔者开展了系列模拟试验，对磁针的直径、长度、碳含量，以及淬火、空气中退火等工艺对制磁的影响方式和程度进行半定量分析和定性探讨。

笔者制作了12枚磁针：1~12号，见表7-1。其材质分别为低、中、高三种碳含量的碳素钢（10#[①]、45#[②]、72A#[③]）；直径分别为0.30 mm、0.50 mm、0.70 mm三种，长度有22.00 mm、36.30 mm两种。

热加工时，夹持钢针的操作方法有两种：其一，用铁钳夹住钢针一端，直接加热。其二，先不截断钢针，手持整条较长的钢丝（约20 cm）一端来加热，然后再截取所需尺寸的钢针。加热使用丁烷喷灯，其火焰的内焰温度达800 ℃，外火焰温度约500 ℃。由于钢针很细，离开火焰后很快就从橘黄色变为暗黑色；因此淬火时，要就着水面来加热，视钢针颜色达到橘黄色后，立刻浸入水中。实际上钢厂在生产钢材时都进行了正火、淬火和回火处理。本实验再次进行淬火处理是为了通过对比来探讨淬火加工对剩磁的影响。

磁针磁化：先将磁针一端在磁石N极尖端附近的表磁最强处（约500~600 Gs）用适当力度进行摩擦约1分钟，使得磁针此端被磁化成S极。再反向用磁针另一端在磁石S极尖端附近的表磁最强处，用适当力度摩擦约1分钟。最后将磁针S极吸附在磁石N极上，磁针N极向外，静置，持续磁化24小时以上。

磁矩测量：对于理想磁针，不考虑直径和端点形状，其磁矩（磁偶极矩）可以用端点表磁的2倍乘以长度来计算。但本实验要比较不同直径磁针剩磁，两端形状也未做统一加工，无法用此方法计算磁针磁矩。磁针的质量和磁矩都很小，无法用磁石磁矩测量装置来测量。对此，笔者设计了一种磁针磁矩测量方法：用极细的化纤丝一头系在磁针中央，一头系在非磁性材料制作的支架上（图7-5），将磁针吊起

---

① 根据国家标准，10#碳钢中Fe以外元素含量（%）：
C0.07~0.14, Si0.17~0.37, Mn0.35~0.65, P≤0.035, S≤0.04, Cr≤0.15, Ni≤0.25, Cu≤0.25。
② 根据国家标准，45#碳钢中非Fe元素含量（%）：
C0.42~0.50, Si0.17~0.37, Mn0.50~0.80, P≤0.035, S≤0.035, Cr≤0.25, Ni≤0.25, Cu≤0.25。
③ 根据国家标准，72A#碳素钢中非Fe元素含量：
C0.62~0.70, Si0.17~0.37, Mn0.90~1.20, S≤0.035, P≤0.035, Cr≤0.25, Ni≤0.30, Cu≤0.25。

来，并使其保持水平状态（图7-6）。将支架和磁针一起放入地磁场模拟装置形成的匀强磁场中（图7-7）。

图7-5　悬吊式磁针及支架（碳纤维方管）

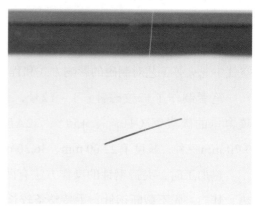

图7-6　磁针水平悬吊

图7-7　在地磁场模拟装置中测量磁针摆动周期

　　保持无风状态，轻轻触动磁针，使其以系点为中心在水平面内往复摆动，摆动角度控制在±5°之内。易证，磁针的摆动周期与磁针的磁矩存在如下关系：

$$M = \frac{4\pi^2}{T^2 B} I$$

式中：$T$——摆动周期，单位 s；

$M$——磁矩，单位 A·m²；

$I$——转动惯量，单位 kg·m²；

$B$——磁针处的磁感应强度水平分量，单位 T。

本试验所用磁针长度大于直径20倍，转动轴垂直穿过磁针中心，其转动惯量可采用如下公式计算：

$$I = \frac{ml^2}{12}$$

式中：$I$——转动惯量，单位 kg·m²；

$m$——质量，单位 kg；

$l$——长度，单位 m。

逐级增加磁感应强度$B_i$，测量相应磁感应强度下磁针的摆动周期$T_i$，计算$M_i$，然后取平均值。

本次测试中，在4种磁感应强度下分别测量磁针的磁矩；每次测量都记录20个周期总时间，再计算平均周期。质量测量使用电子天平，品牌：梅特勒-托利多；型号：ml204/02；最小分度值：0.1 mg。磁化结果见表7-1。

表7-1 磁针磁化数据

| 磁类型 | | 万安 | 10# | | | | 45# | | | | 72# | | | |
|---|---|---|---|---|---|---|---|---|---|---|---|---|---|---|
| 磁针序号 | | 0 | 1 | 2 | 3 | 4 | 5 | 6 | 7 | 8 | 9 | 10 | 11 | 12 |
| 基本参数 | 长度/mm | 22.0 | 22.0 | 22.0 | 36.3 | 36.3 | 22.0 | 22.0 | 36.3 | 36.3 | 22.0 | 22.0 | 36.3 | 36.3 |
| | 直径/mm | 0.35 | 0.35 | 0.70 | 0.35 | 0.70 | 0.35 | 0.50 | 0.35 | 0.50 | 0.30 | 0.50 | 0.30 | 0.50 |
| | 质量/mg | 15.4 | 16.9 | 63.4 | 28.6 | 109.6 | 17.1 | 33.1 | 27.8 | 54.6 | 12.2 | 40.1 | 18.4 | 54.7 |
| 直接磁化 | 表磁/Gs | 43.8 | 21.8 | 26.3 | 30.8 | 35.8 | 36.5 | 32.5 | 40.2 | 46.8 | 43.0 | 80.7 | 39.4 | 94.0 |
| | | 18.8 | 22.6 | 24.5 | 31.1 | 32.6 | 25.6 | 32.5 | 39.5 | 44.5 | 33.7 | 75.0 | 35.6 | 82.4 |
| | 磁矩/emu | 0.606 | 0.201 | 0.543 | 0.696 | 2.059 | 0.993 | 1.215 | 2.26 | 2.645 | 1.026 | 2.381 | 3.111 | 5.269 |
| | 磁化强度/emu·g⁻¹ | 39.35 | 11.89 | 8.56 | 24.34 | 18.79 | 58.07 | 36.71 | 81.29 | 48.09 | 84.1 | 59.38 | 169.1 | 96.33 |

| 磁类型 | | 万安 | 10# | | | | 45# | | | | 72# | | | |
|---|---|---|---|---|---|---|---|---|---|---|---|---|---|---|
| 磁针序号 | | 0 | 1 | 2 | 3 | 4 | 5 | 6 | 7 | 8 | 9 | 10 | 11 | 12 |
| 钳夹淬火后磁化 | 表磁/Gs | – | 33.21 | 45.1 | 65.33 | 101.2 | 46.32 | 78.66 | 88.22 | 101.2 | 51.20 | 116.3 | 115.2 | 91.69 |
| | | | 36.44 | 49.3 | 56.32 | 78.1 | 50.23 | 80.12 | 96.34 | 109.5 | 52.36 | 101.1 | 110.0 | 93.12 |
| | 磁矩/emu | – | 2.134 | 3.267 | 4.231 | 6.719 | 2.993 | 4.460 | 5.261 | 7.520 | 3.374 | 4.540 | 6.560 | 8.430 |
| | 磁化强度/emu·g$^{-1}$ | – | 126.3 | 51.53 | 147.9 | 61.3 | 175.0 | 134.7 | 189.4 | 136.7 | 276.6 | 113.2 | 356.5 | 154.1 |
| 钳夹退火后磁化 | 表磁/Gs | – | 22.3 | 25.1 | 36.2 | 35.1 | 37.2 | 39.2 | 35.5 | 47.2 | 41.0 | 42.4 | 87.7 | 81.0 |
| | | | 23.6 | 23.2 | 35.0 | 38.4 | 30.1 | 36.2 | 36.4 | 47.0 | 36.7 | 38.3 | 76.3 | 92.4 |
| | 磁矩/emu | – | 0.615 | 0.801 | 2.123 | 2.234 | 1.121 | 1.231 | 1.667 | 2.436 | 1.042 | 2.345 | 1.705 | 5.502 |
| | 磁化强度/emu·g$^{-1}$ | – | 36.39 | 12.63 | 74.23 | 20.38 | 65.56 | 37.19 | 59.96 | 44.29 | 85.41 | 58.48 | 92.66 | 100.6 |
| 手持淬火后磁化 | 表磁/Gs | – | 30.1 | 35.1 | 49.0 | 80.1 | 39.2 | 60.6 | 64.2 | 85.3 | 38.6 | 93.4 | 99.6 | 80.3 |
| | | | 36.4 | 38.3 | 40.1 | 59.3 | 40.3 | 62.6 | 67.3 | 80.9 | 40.3 | 80.9 | 95.3 | 75.0 |
| | 磁矩/emu | – | 1.298 | 2.533 | 3.224 | 5.455 | 1.594 | 2.768 | 3.408 | 4.816 | 1.899 | 2.832 | 4.208 | 5.944 |
| | 磁化强度/emu·g$^{-1}$ | – | 76.83 | 39.96 | 112.7 | 49.77 | 93.24 | 83.63 | 122.6 | 87.25 | 155.6 | 70.62 | 228.7 | 108.6 |
| 手持退火后磁化 | 表磁/Gs | – | 20.3 | 24.4 | 31.2 | 34.3 | 33.0 | 36.8 | 34.3 | 45.1 | 39.2 | 38.2 | 79.0 | 79.8 |
| | | | 21.6 | 29.0 | 33.9 | 33.0 | 32.1 | 31.0 | 32.1 | 43.0 | 32.1 | 34.8 | 67.8 | 91.7 |
| | 磁矩/emu | – | 0.484 | 0.673 | 1.858 | 2.027 | 0.817 | 1.225 | 1.494 | 1.949 | 0.994 | 1.796 | 1.204 | 4.082 |
| | 磁化强度/emu·g$^{-1}$ | – | 28.64 | 10.61 | 64.98 | 18.50 | 47.77 | 37.00 | 53.73 | 35.30 | 81.44 | 44.79 | 65.43 | 74.62 |

## 五、分析与讨论

根据以上实验数据和结果我们可以得到以下认识：

第一，综合运用摩擦磁化和热处理的方法，可以显著提高磁针磁矩和剩余磁化强度，可以得到高于万安罗盘磁针的磁化效果。例如9号钢针，它与万安罗盘磁针尺寸相近，但磁矩最高可接近后者的5.5倍，磁化强度几乎为后者的7倍。

第二，对磁针材料进行比较，发现碳含量增加对提高剩磁有显著作用。万安罗盘所用磁针属于中低碳钢，经过淬火处理。古代制针成型工艺采用捶打或为拉拔方法，不会以硬度很大的高碳钢为原材料，那样会徒增难度；多是以中低碳钢为原料，成型后，通过渗碳提高表面硬度，通过淬火、回火等热加工调节整体韧性与硬度。制作指南针，可以采用渗碳方式提高矫顽力和剩磁。

第三，对磁针尺寸进行比较，发现磁针长度减小后，尽管磁矩会减小，但转动惯量也减小，转动周期更短，即反应更灵敏；磁针越长，剩磁磁矩也越大，且转动惯量显著提高，反应速度下降，但抗风能力有所提高。在0.3～0.5 mm数量级内，磁针直径变化对灵敏性和稳定性的影响方式与长度变化相同。

第四，对热处理工艺进行比较，发现淬火后中低碳钢的磁针的磁矩增加得非常显著，如2号针约是淬火前的6倍，3号针约是淬火前的6倍；低碳钢淬火后磁化，其剩磁磁矩提升比例显著高于高碳钢。高碳钢针淬火后脆性显著增加，韧性严重降低，在磁石上摩擦时，稍微用力就会折断（图7-8），必须小心。实际使用中，淬火温度的控制十分重要。钢针在空气中退火时，冷却速度比较快。其效果与淬火类似，只是强度不及淬火。

图7-8　高碳钢针淬火后断裂状

综上，笔者认为制作磁针时，适宜用低碳钢为原料，加工成形后再渗碳，并适当淬火，对提高矫顽力、增加剩磁效果显著；不排除罗盘制作工艺中借助了热剩磁的方法，即用带磁性的铁钳夹住磁针，在适当的温度淬火。

结合以上认识，我们还可以进一步思考。

第一，关于罗盘磁针的优化设计。

在陆地上使用罗盘时，盘体可以放置平稳没有晃动，对磁针不产生扰动；制作罗盘就趋向于选用灵敏性较高的磁针，即细短、碳含量较高的磁针。海上使用的指南针多数情况下无法像陆地上一样放置平稳，即使用水浮的方式，扰动还是时刻存在的，磁针要有较高的稳定性，即具有较小的转动惯量和更大磁矩。实际上，现代航海磁罗经的设计也体现了这一点（见第九章第三节）。

磁针无法独立安装在罗盘上，需要与其他非磁性部件组合起来，组成转动构件。尤其对于旱罗盘，一般是在磁针中间加装铜帽等，一起放在罗盘中心的细针尖端上。这样可以使转动构件的重心低于支点，防止构件倾覆。与其他非磁性部件组合在一起，会降低转动构件的整体平均磁化强度。笔者曾尝试用转动构件磁矩与转动惯量的比值作为衡量磁针灵敏度的参数。但各家罗盘磁针的安装方式多有差别，非磁性部件的质量和转动惯量大小不一。如王振铎曾经考察并绘制了近代日本、苏州、温州所制的航海旱罗盘，以及近代广东兴宁、安徽休宁新安镇所制堪舆罗盘的构造图（王振铎，1989）[206-218]。转动构件的转动惯量难以测算，且这些罗盘结构资料出自近代，不能排除受到了国外的影响，情况很复杂。目前对转动构件整体灵敏度进行定量比较的条件尚不成熟，但可以对磁性部件形状对灵敏度的影响进行定性比较。本书第九章第二节对此有详细分析。

安徽休宁万安镇和新安镇的传统旱罗盘在磁针与铜帽之间加装了一个锡片隔板，这样既遮住了下部凌乱的部分，显得整齐；又可以卡住下方的铜帽，防止活动构件掉出来。这是一个很好的设计，解决了旱罗盘的一个大问题。

旱罗盘的形象最早见于江西临川南宋墓张仙人俑所持罗盘模型。其菱形磁针的中心位置有一个明显的圆孔。潘吉星就此认为其磁针系用轴支撑的方式，并绘制了复原示意图（图7-9）（潘吉星，2002）[345-346]。为了保证磁针不会掉下来，在轴上、磁针上下加装两个轴帽和轴托，磁针与轴及轴帽、轴托之间为滑动摩擦，且接触面积远远大于新安和万安罗盘，会形成很大的摩擦阻力，对罗盘的灵敏性影响很大。

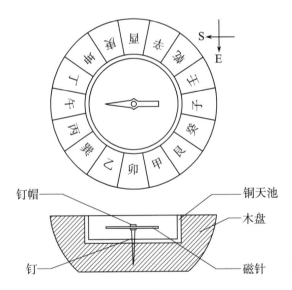

图7-9　江西临川南宋墓罗盘结构复原示意图（潘吉星，2002）[345-346]

现在所知的其他类型旱罗盘为了防止磁针掉落，都是在磁针上方安装玻璃盖，在盖与磁针之间留一个很小的空隙，系玻璃盖出现之后做的改进。虽然休宁罗盘现在也加装了玻璃盖，但就防止活动构件掉落而言，玻璃盖没有起到实质作用。传统旱罗盘在玻璃盖出现之前可能有别的办法；也可能干脆将磁针随时取下来，用的时候安上去。但新安和万安罗盘加装锡片隔板的设计确实保留了玻璃盖出现之前的重要技术细节。

第二，罗盘磁针是否应用了热剩磁原理。

笔者在热加工时，原本只按照第一种方案，即用铁钳夹着钢针加热。苏荣誉研究员认为剩余磁化强度数据有些偏高。但实验结果如此，笔者一直未能找到原因。其后笔者在做《武经总要》"鱼法"模拟实验时，发现鱼形铁片的热剩磁效应系由铁钳钳头剩磁导致。回顾磁针磁化实验，显然也存在同样的效果。故此又用手持加热的方式增加一组磁化实验。两相比较，差异明显。这表示用铁钳夹持的方式会显著增加磁针的磁矩。关于如何利用热剩磁效应磁化指南针将在第八章《武经总要》"鱼法"复原实验中详谈。

磁针采用摩擦磁化的基本原理自唐代起已经为人所知，不是秘密。但为什么传统罗盘制造者在磁化磁针时还要将其视为核心机密，独自完成，秘不示人？其可能性有三种：第一，其摩擦方法有一定的讲究，可以适度提高剩磁；第二，故弄玄虚，让人以为他们有秘法；第三，采用了热剩磁的方法。

吴鲁衡罗经老店磁针存在淬火加工，可能系钢厂制造钢丝时所致，并非在制作罗盘时进行。且该磁针表面光滑、明亮，与笔者淬火后的钢针外观品相大不相同。但淬火确实有助于提升磁针的剩磁，不能排除古代制作磁针时存在这一工艺。

# 第二节　鱼形铁片摩擦磁化

用磁石来摩擦磁化鱼形铁片，将其浮于水面，用于指南。这在中西方文献中都有记载，且多用于航海。

根据潘吉星（2012）[132-137] 和李晋江（1992）的文献研究，阿拉伯地区1232年出版的《奇闻录》（*Fmaial-Hikāy*）最早提到指南针，系将下凹状的鱼形铁片与磁石摩擦，浮在水盆中，用于航海指向；1282年成书的《商人有关宝石的知识》（*Kitabkanz al-Tijār fi māreifal al Ahjār*）记载1242年东地中海的航船上把鱼形铁片借助木片浮在水上，用以导航；还讲到航行在印度洋上的水手们使用一种鱼状铁叶浮在水面上导航。1485年意大利威尼斯城出版的《世界球》（*Golbus mundis*）中的一幅插图，其磁罗盘也用鱼形铁片。加拿大专家史密斯（Julian A. Smith）发现，磁罗盘在印度最早的名称是maccha-yantra（鱼机，fish-machine），磁针呈鱼状，浮在装有油的碗状罗盘里（Smith, 1992）。我们知道油比水黏稠，可形成更大的表面张力，更适用于水浮法。

这些文献记载的磁化方法都是用磁石摩擦磁化，不涉及热剩磁。这种技术的可行性自然没有问题，前人研究对此也没有争议。本书做了较为简单的模拟实验和检测，以衡量其磁化效果，并与《武经总要》"鱼法"进行比较。

笔者用45#中碳钢①腐蚀试片②经过冷锻和打磨制作了4枚可以浮在水面上的鱼形铁片（图7-10），开展了摩擦磁化实验。4枚鱼形铁片的尺寸为：长6.5～6.8 cm，宽2.0～2.3 cm；质量2.40～2.63 g。（本节实验所用鱼形铁片与第八章《武经总要》"鱼法"复原实验的为同批制作，规格和制作过程相同）。

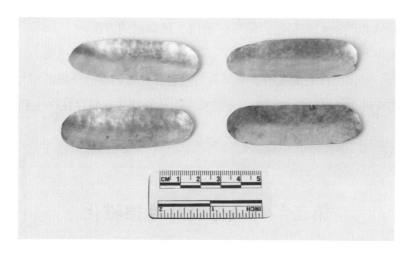

图7-10　鱼形铁片摩擦磁化实验样品（上：①、②号；下：③、④号）

选一块磁石（最大表磁500～600 Gs）将鱼形铁片摩擦磁化。其方法与铁针磁化相同，先用鱼形铁片的一端在磁石一极摩擦，再用另一端在磁石另一极摩擦，然后按照摩擦的极性，将鱼形铁片吸附在磁石上，静置24小时以上。由于鱼形铁片质量较小，磁矩也很小。用磁石磁矩测量装置检测此等级磁矩，结果有些偏低。鱼形铁

---

① 购自上海洣崧机电设备有限公司，出厂检测报告标注本批产品Fe以外元素含量（%）：
C0.45，Si0.37，Mn0.80，P0.035，S0.035，Cr0.25，Ni0.30。
② 腐蚀试片是将待测材料制成标准形状薄片，一般通过悬挂的方式放置在流动的冷却水中，用来测试水的腐蚀性和监测试片。

片也不能用测量磁针磁矩的方法，因为受空气阻力干扰严重，目前只能测量其两极的表磁，结果见表7-2。

表7-2　鱼形铁片摩擦磁化及指向测试结果

| 序号 | ① | ② | ③ | ④ |
|---|---|---|---|---|
| N极表磁/Gs | 39.97 | 45.82 | 69.40 | 66.61 |
| S极表磁/Gs | 46.14 | 52.54 | 56.48 | 62.10 |

测试时，将鱼形铁片浮在水上，先令其指向东西方向。放手后，鱼形铁片立刻自主转动，约4~5 s后首次指向地磁南北方向，然后略有往复转动，7~9 s后基本稳定指向（图7-11）。其指向性是可行的，缺点是容易平向漂移，接触容器。

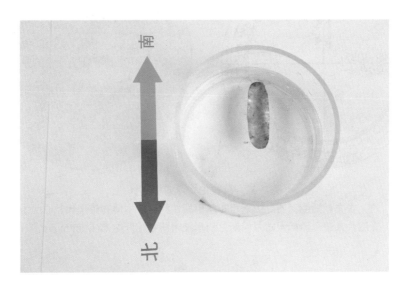

图7-11　鱼形铁片摩擦磁化指向测试（①号）

本节实验显示，鱼形铁片与磁石摩擦磁化后，具备了良好的指向性能，具有很好的实用效果。鱼形铁片的磁矩远大于磁针。鱼形铁片的长宽比远小于磁针，相当于在同等质量下具有较小的转动惯量。从而获得了更大的磁矩与转动惯量比值，有助于指南鱼在地磁场作用下保持稳定指向（见第九章第二节）。

鱼形铁片摩擦磁化的缺点是比较容易退磁，长时间放置或与其他物品碰撞、摩擦，磁性损失很大；在实际使用中需要仔细保管；或者备有磁石，需要的时候可以随时摩擦。

关于磁针或铁片横向飘移的问题，在古代中国尚未见到好的解决办法，但在阿拉伯国家中有所突破。也门统治者马立克·阿斯拉夫（Al-Malik al-Ašraf）在1291年撰写了一篇关于指南针的文章论塔萨（*Risālat at-Tāsa*），文章中描述了一种巧妙的水浮式指南针：将磁化铁片与一根木条垂直交叉叠放，用蜡或沥青粘在一起，放置在圆形水池中（SEZGINF，1982）。木条和铁片的长度略短于直径，铁片就始终保持在直径位置。铁片体型较大，磁矩较大，即使触碰水池边沿，也不影响指向。这样有效解决了磁体横向飘移的问题。可见不同民族在指南针的设计上都体现出了自己的创造力。

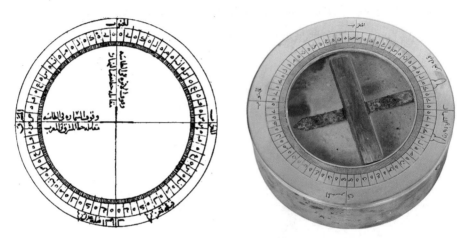

图7-12　阿拉伯水浮式指南针
（左：古文献插图；右：伊斯坦布尔伊斯兰科学技术博物馆现代复原品）
（图片来源：伊斯坦布尔伊斯兰科学技术博物馆网站www.ibttm.org）

# 第三节　铁勺摩擦磁化

将铁勺摩擦磁化是对《论衡》"司南"的一种复原。当年郭沫若访问苏联科学院用的就是磁化铁勺。磁化铁勺方案已获得了外观设计专利[①]授权，并开发成文创产品，由中国历史博物馆监制，钢铁研究总院制造，在市场销售。目前在各

---

　①　公告号CN3006607，公开日期1990年9月26日，申请（专利权）人：冶金工业部钢铁研究总院；发明人：赵连德、吴金声、王振铎。

大电商网站上有十余种类似的钢勺磁化产品在销售。该方案属于对司南可能形式的拓展；但按照材质来看，又属于铁质指南针范畴。故此将其安排在本章。

近来有文章提出《论衡》司南可能是将铁勺与天然磁石摩擦而磁化（岑天庆等，2015）。但该作者未使用天然磁石，分别用钕铁硼磁铁和人工铁氧体磁铁摩擦铁勺开展实验，认为其指向误差在10°以内（岑天庆，2017）。钕铁硼和人工铁氧体磁铁的表磁、磁化强度远高于天然磁石。该文章的结论尚不能证明用天然磁石摩擦铁勺的效果。

古人有意或无意地用磁石吸引铁勺，而将之磁化，这种可能性不能排除。但秦汉时期是否将铁的摩擦磁化用于磁性指向，目前缺少历史依据。将摩擦磁化有意识地用于指南，目前来看在唐代后期才出现。与王振铎的磁石勺方案相比，该方案对汉代知识水平的要求更高了一级。

古代钢铁都是铁碳合金，属于碳素钢或渗碳钢，其饱和磁化强度大小与碳含量、热加工造成的铁碳合金固溶体形态及内应力有关；与磁石摩擦后获得的剩磁与磁石表磁、铁制品质量等有关，这些因素在本实验中都予以考虑。由于铁勺比磁石勺容易加工，本节还顺带测试了增加勺柄长度、勺柄数量对指向性的影响。

## 一、磁化实验

为了研究碳含量、质量、形状和热加工对铁勺剩磁的影响程度，笔者制作了以下铁勺并开展实验：

铁勺材料：小勺①、②、③号用10#碳素钢[①]腐蚀试片制作，④、⑤、⑥号用45#碳素钢[②]腐蚀试片制作；大勺⑦、⑧号用同批次的10#碳素钢制作（图7-13）。实验中也曾试用#70碳素钢腐蚀试片制造铁勺，但硬度太高，无法冷锻，即使加热也很快就变冷，极难锻造，因此放弃。

铁勺形状：短柄、长柄、双柄。

制作方法：小勺是用铁剪剪出轮廓，再冷锻成形；大勺是先热锻出勺窝，再打磨出勺状外形。勺底球面先用细锉修整圆滑，再用1200目砂纸打磨光滑，用白毡和木炭粉抛光。

---

① 购自上海洣崧机电设备有限公司，出厂检测报告标注本批产品10#碳钢中Fe以外元素含量（%）：C0.08，Si0.18，Mn0.45，P0.03，S0.03，Cr0.12，Ni0.25，Cu0.25。

② 购自上海洣崧机电设备有限公司，出厂检测报告标注本批产品45#碳钢中Fe以外元素含量（%）：C0.45，Si0.37，Mn0.80，P0.035，S0.035，Cr0.25，Ni0.30。

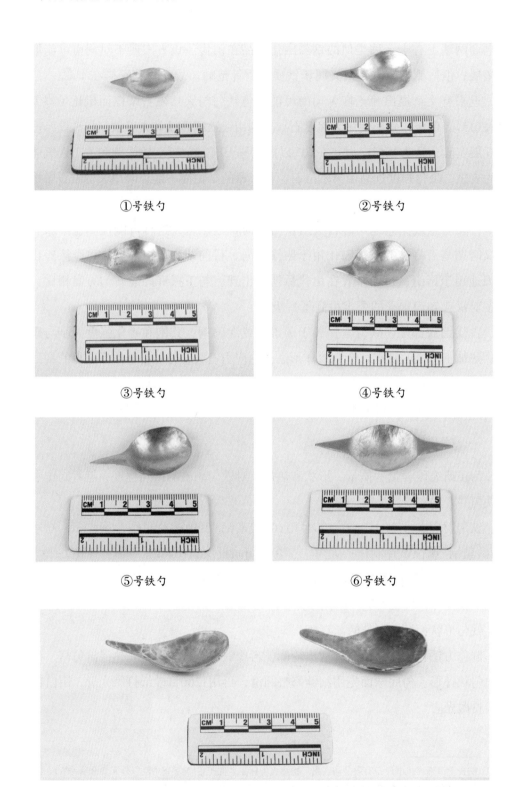

①号铁勺 ②号铁勺

③号铁勺 ④号铁勺

⑤号铁勺 ⑥号铁勺

⑦~⑧号铁勺

图7-13 铁勺摩擦磁化实验所制样品

热加工：对①~⑥号勺进行了退火、中温淬火（400 ℃）两种热加工。实验中也曾进行居里点以上温度淬火（830 ℃）试验，但铁勺碎裂、破损严重，无法使用，故放弃这种方式。

铁勺磁化方式：先将勺柄在磁石N极尖端附近的表磁最强处（500~600 Gs），用适当力度进行摩擦约1分钟；再反向用勺头（或另一柄）在磁石S极尖端附近的表磁最强处，用适当力度摩擦约1分钟；使得勺柄被磁化为S极。再将勺柄吸附在磁石N极上，勺向外，柄尖向内，持续磁化24小时以上。

笔者曾用磁石磁矩测量装置检测这些铁勺的磁矩。但①~⑥号铁勺的质量很小，摩擦磁化后磁矩也很小，测量结果偏低。暂用表磁来衡量磁化效果。⑦、⑧号铁勺质量较大，获得的磁矩略大，可以采用磁石磁矩测量装置来检测（表7-3）。笔者对同一铁勺进行了多次摩擦磁化，结果偏差很大，磁化效果不稳定，表中所列数据为多次测量的最大值。

表7-3　铁勺摩擦磁化数据

| 序号 | 基本参数 | | | 直接热磁化 | | | 退火后磁化 | | | 400 ℃淬火磁化 | | |
|---|---|---|---|---|---|---|---|---|---|---|---|---|
| | 材质 | 质量/g | 全长/mm | 磁矩/emu | 表磁/Gs | 磁化强度/emu·g$^{-1}$ | 磁矩/emu | 表磁/Gs | 磁化强度/emu·g$^{-1}$ | 磁矩/emu | 表磁/Gs | 磁化强度/emu·g$^{-1}$ |
| ① | 10# | 1.88 | 28.7 | – | 15.5 29.5 | – | – | 11.5 20.5 | – | – | 18.7 39.5 | – |
| ② | | 2.23 | 36.8 | – | 14.7 27.3 | – | – | 21.7 22.3 | – | – | 21.2 46.8 | – |
| ③ | | 3.13 | 54.4 | – | 20.2 34.5 | – | – | 23.2 25.5 | – | – | 58.6 53.6 | – |
| ④ | 45# | 2.47 | 35.5 | – | 25.5 39.5 | – | – | 15.5 29.5 | – | – | 18.7 39.5 | – |
| ⑤ | | 2.79 | 47.9 | – | 16.7 38.1 | – | – | 16.7 48.1 | – | – | 21.2 46.8 | – |
| ⑥ | | 3.36 | 59.2 | – | 24.9 53.4 | – | – | 44.9 43.4 | – | – | 58.6 53.6 | – |
| ⑦ | 10# | 12.25 | 55.2 | 118.34 | 30.1 46.7 | 9.66 | 65.91 | 25.6 42.1 | 5.38 | 147.12 | 26.0 51.3 | 12.01 |
| ⑧ | | 13.94 | 58.1 | 77.23 | 31.4 49.6 | 5.54 | 60.78 | 20.0 37.3 | 4.36 | 160.73 | 22.0 55.0 | 11.53 |

*此栏表磁数据中，上方为N极表磁，下方为S极表磁。

指向测试：将铁勺放置在①号地盘（锡青铜、抛光）中央，再放置到地磁场模拟装置中。勺柄分别指向北方、东方、西方，轻轻触动勺头，使其晃动，转动指向。

指向测试结果显示：在当今地磁强度下，①～⑥号铁勺中碳含量低、经过退火的铁勺剩磁很低，几乎没有指向性；部分碳含量高、经过淬火的铁勺有一定的指向性，长柄勺指向性优于短柄勺，双柄勺效果不及长单柄勺。多次指向，结果偏离很大，一半以上测试结果误差在20°上下。⑦～⑧号铁勺的指向性略好，多次指向，一半以上测试结果误差在15°上下。将地磁水平分量调整到汉代的水平（0.632 Gs），各勺的指向性能略有提升。

二、分析与讨论

从铁勺使用材料来看，摩擦磁化方案符合了古代磁性指向器演化的方向，但对磁性知识的要求比天然磁石勺方案更高一级，在《论衡》所成书的东汉时期是否具有此知识和技术，缺乏历史依据。

从实验结果来看，用天然磁石摩擦磁化铁勺，有时表现出一定的指向性，多数情况下铁勺磁化后的表磁或剩余磁化强度很低，远不及笔者所制的天然磁石勺；而且结果的偶然性较大，很不稳定，容易退磁，技术可靠性低。

相比之下，王振铎制作的磁石勺剩余磁化强度虽然也不很高，但磁矩和转动惯量不小，有较长的"播动"时间以完成指向；其最显著优势是磁性非常稳定，目前已经保存了几十年，随时取出来就可以使用，可靠性强。这一点是铁勺摩擦磁化方案所不及的。

古代鱼状铁片、罗盘针虽然也是摩擦磁化，但前者是用水浮法指向，阻力很小，后者不仅质量远小于铁勺，而且也用悬吊、水浮法或者更为精巧的顶针法，磁化效果和指向效果都好很多。

综上，铁质指向器用摩擦的方式来磁化，其质量越小，磁化强度越高，故适宜制作成针状、薄铁片状采用悬吊、水浮或尖端支持的安装方式；也因此不会具有较大的转动惯量，不宜制成勺状，采用平面支撑的安装方式。这也是唐代以后铁质磁性指向没用采用勺状方案的技术原因。如果向前推到东汉，其磁化强度、可靠性都不及磁石勺方案，而对磁性知识的要求更高。因此该复原方案的合理性不足。

# 第八章

## 《武经总要》"鱼法"复原实验

古代指南针的磁化并非完全依赖于磁石。北宋《武经总要》"鱼法"记载了一种独特的鱼形铁片磁化技术。现代人对其磁化机理有"磁石磁化说"与"地磁场热剩磁说"两种解释。目前在科技史著作和教科书中普遍引用后者，并给予了很高的评价。

笔者发现《武经总要》"鱼法"的磁化机理并非如当前的地磁场热剩磁说所言，而是另有玄机。本章就此设计并开展了系列实验，揭示了"鱼法"的真正磁化机理，结合实验详细解读相关记载，发掘出大量工艺细节并就其技术来源做了初步探讨。

## 第一节　问题由来与实验目的

《武经总要》由曾公亮、丁度和杨惟德等人编纂，于公元1044年前后成书。其前集（明金陵书林刻本）记载：

　　若遇天景曀霾，夜色暝黑，又不能辨方向，则当纵老马前行，令识道路。或出指南车及指南鱼，以辨所向。指南车法世不传。鱼法：以薄铁叶剪裁，长二寸、阔五分，首尾锐如鱼形，置炭火中烧之，候通赤，以铁钤钤鱼首出火，以尾正对子位，蘸水盆中，没尾数分则止，以密器收之。用时置水碗于无风处，平放鱼在水面，令浮，其首常南向午也。（曾公亮 等，1988）

该书明嘉靖三十九年山西刻本中写作"指南鱼法世不传"，其他文字相同。结合上下句可知该以金陵刻本为准（曾公亮 等，2016）。

地磁场热剩磁说认为鱼形铁片烧至"通赤"即达到居里温度（770℃）变为顺磁体；鱼尾"正对子位"即顺应了地磁场的南北方向；"没尾数分"系最顺应地磁倾角，最大呈度利用地磁场。在地磁场的影响下，鱼形铁片磁畴磁矩方向沿南北极分布，淬火后磁矩方向固定下来，从而获得热剩磁，具有了指南北的功能。该种解释的实验依据只见于刘秉正1956年发表在《物理通报》上的文章（刘秉正，1956）。其关键文字是："将针烧红后按南北方向蘸水，然后将它插入软木塞上令浮于水上，果然可以指南北；如果蘸水时针锋指南，则浮时针锋也指南，反之则反是。如烧红后不蘸水，而按南北方向放置，待冷却后实验，结果也一样；多次重复结果也相同。另外，我又换洋铁皮做成船型物体，依同法实验，结果也一样。只是偏转较慢而已。"以上文字对实验过程交代得非常简单，也难以经得起推敲，例如：缝衣针"烧红"是多少度？缝衣针离开火立刻变暗，沿南北向蘸水时能否继续保持在居里点以上温度？用什么工具夹持缝衣针和洋铁片，夹持工具磁性如何，如何判定是被地磁场磁化而非被其他工具磁化？

磁石磁化说最早见于20世纪40年代王振铎的分析（王振铎，1948b）[186-203]。他认为加热和淬火对鱼形铁片的磁化没有贡献。"密器"中放有磁石，鱼形铁片长期吸附于磁石上，从而被磁化。20世纪90年代，李强又开展了模拟实验，他用家庭火炉、电炉将钢锯条加热到700℃左右淬火，插在泡沫塑料上，浮于水面，没有指南迹象；用磁石摩擦磁化，锯条两端表面磁场强度为16~18Gs，指南效果显著。手工锯条钢一般采用高碳含量的碳素钢或渗碳钢为材料，还要经过硬化处理，难以加工成可独立漂浮的鱼形铁片。他还提到中国历史博物馆（今国家博物馆）曾用中碳钢制作鱼形浮子，用电炉加热到700℃后淬火；其首尾磁场强度4~11Gs，无指极性（李强，1992）。但铁在达到居里温度（770℃）以上才能转变为顺磁体，且所用电炉产生的磁场是否会影响磁化效果，文章也未见交代。所以，地磁场热剩磁说尚且不能被以上实验否定。

对此，笔者开展了《武经总要》"鱼法"磁化实验。其间，因为炉口太热，笔者来不及用铁钳夹住鱼首，而是夹住腹部置入水中淬火，结果发现鱼形铁片指向东西方向，被夹持部位被磁化为磁极；又多次测试均是如此。经过思考之后，笔者又设计并开展了系列实验，证明了鱼形铁片是被铁钳的热剩磁所磁化；地磁场在此过程中没有起到实质性作用；而且对该法的材料、工艺、加热温度等也开展了分组实验，得到了对《武经总要》"鱼法"的全新认识。

## 第二节　磁化机理判定

　　首先按制文献记载制作鱼形铁片。刘秉正使用铁针而李强使用锯条，两者质量相差很大，而且都不能独立浮于水面。为了测验能够浮在水上的鱼形铁片的质量大致范围，笔者按照《武经总要》记载的尺寸，以1 mm厚的45#中碳钢[①]腐蚀试片为材料，曾先后制作了3种质量级别的10余枚鱼形铁片（图8-1）。最轻的一类质量为0.45～0.65 g（左侧第1列），是将钢片反复打磨至极其轻薄的状态，再裁剪成鱼状，锻打成下凹状，加工时间很长。中等类型的质量为1.50～1.70 g（左数第2列），将钢片适度打磨，然后裁剪、锻造成形，再将边缘向上折起。较重类型的质量为2.00～2.50 g，先剪出鱼形轮廓，再冷锻打造成下凹状薄片，磨掉四周毛刺，制成

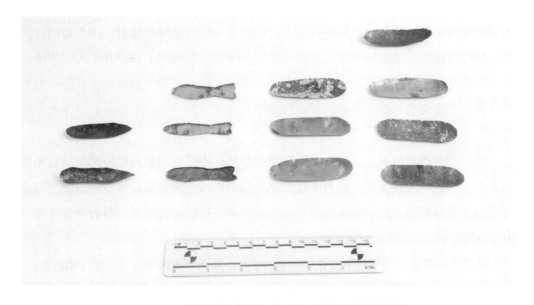

图8-1　《武经总要》"鱼法"实验鱼形铁片部分样品

---

① 购自上海泺崧机电设备有限公司，出厂检测报告标注本批产品45#碳钢中Fe以外元素含量（%）：C0.45，Si0.37，Mn0.80，P0.035，S0.035，Cr0.25，Ni0.30。

接近鱼状，制作时间较快（右侧两列）。笔者发现，只要小心放置，利用水的浮力和表面张力，这三类鱼形铁片都可浮于水面；前两者较为容易，后者要小心放置。这说明符合《武经总要》"鱼法"尺寸且能浮在水面上的鱼形铁片质量多分布在0.5～2.5 g范围内。

笔者选用加工量较小的2.5 g级别的①～⑥号鱼形铁片进行实验。这几个铁片质量较大，如果能获得较好的磁化效果，其他质量较轻的铁片磁化效果会更为理想。基于前面的测试，笔者设计并开展了如下实验。

实验考虑到古地磁场演化因素。《武经总要》成书于11世纪中期，北宋的主要疆域范围内地磁场总强度在0.675～0.700 Gs。由于《武经总要》"鱼法"可能形成于更早的时期，本模拟实验采用公元元年前后地磁总强度顶峰时的数值即0.750 Gs。用地磁场模拟装置产生磁场，将淬火的水盆放置在线圈中心的操作平台上。调节线圈的方向和倾角，用磁通门计测定，令中心区域磁感应总强度（即亥姆霍兹线圈与地磁场的合量）等于0.750 Gs。

本实验使用马弗炉加热，可以通过热电偶、显示仪表和电位器等显示并调节炉内温度。这里有两个要点需要交代。第一，马弗炉利用电流热效应产生热量。为了防止电流磁场可能对实验造成干扰，待炉温升至设定温度，将发热体电流调零（测温热电偶和显示仪表仍然工作），再放入鱼形铁片。铁片很薄，维持1分钟后，即可达到炉膛内温度。第二，马弗炉为铁壳，形成了一定的磁屏蔽效果，用磁通门计测定，炉口内缘附近地磁场强度只有炉外的三分之二。但这对本实验并不构成影响。因为无论是《武经总要》原文，还是今人的地磁场热剩磁说，对鱼形铁片在炉内的放置方位没有要求，即在炉内时对地磁场没有要求，只是从炉中取出后沿南北方向放置。

鱼形铁片的质量很小，磁化之后磁矩也很低，不适宜用磁石磁矩测量装置来测量；由于形状的关系受空气阻力干扰严重，也不能借用测量磁针磁矩的方法。目前还没有找出合适的方法，本实验暂用表磁来衡量和对比磁化效果，因为不涉及加工退磁问题，这对实验结论不构成影响。

笔者先后将①～④号鱼形铁片加热到800 ℃，分别用不同的方式取出（图8-2），在0.750 Gs磁感应强度下淬火，进行指向测试，然后测量鱼身四周的表磁分布：

①号：用铁钳夹住鱼身中部取出，将鱼尾朝正北、没入水中数分淬火（图8-3）。其后，将鱼形铁片小心放置，使之漂于水面。数秒后，鱼首稳定指向东偏南15°（图8-4）。用高斯计测量其表磁分布。地磁强度为0.50 Gs上下，与测量结果

图8-2　《武经总要》"鱼法"实验使用马弗炉加热

图8-3　《武经总要》"鱼法"实验①号鱼形铁片淬火

图8-4　《武经总要》"鱼法"实验①号鱼形铁片水浮指向

数量级接近，会构成干扰。故先将高斯计传感器霍尔探头一端竖直向下固定好，并清零，然后移动、旋转铁片，逐部位测量，这样高斯计示数即鱼形铁片的表磁，排除了地磁场的干扰。测量结果显示首尾两端均为N极，中部被铁钳夹持的部位为S极（图8-5）。

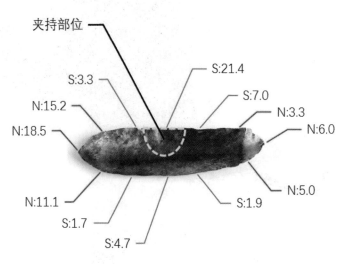

图8-5 　《武经总要》"鱼法"实验①号鱼形铁片表磁分布

②号：按照《武经总要》的记载，用铁钳夹住鱼首取出，鱼尾朝正北、没入水中数分淬火。将鱼形铁片小心放置于水面，数秒后，即指向地磁南北正方向。用高斯计测量边缘表磁，显示鱼首一侧为S极，鱼尾及周边为N极（图8-6）。

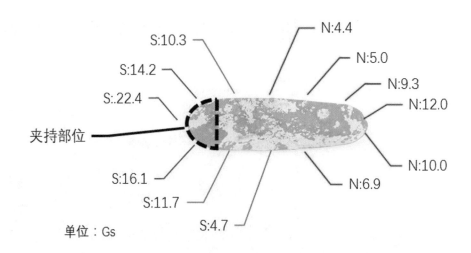

图8-6 　《武经总要》"鱼法"实验②号鱼形铁片表磁分布

③号：用铁钳夹住鱼首，沿正东西向入水淬火；漂浮后，鱼形铁片依然指向南北正方向，用高斯计测量，其四周的表磁与②号鱼形铁片相同，鱼首为S极，鱼尾及周边为N极。

④号：将鱼形铁片沿南北方向放在翻转的坩埚底部（图8-7），用铁钳夹住坩

图8-7 《武经总要》"鱼法"实验加热④号鱼形铁片

埚，将其端出来。铁钳不接触鱼形铁片。向鱼形铁片淋水淬火，再将其漂浮在水面上。鱼形铁片无固定指向性。测量显示鱼形铁片表磁很弱，示数几乎为零。

对①～④号鱼形铁片的加工磁化结果、数据进行分析和比较：第一，鱼形铁片的表磁并非均匀分布，而地磁场是均匀分布的，显然鱼形铁片不是被地磁场磁化。第二，无论鱼形铁片朝向南北还是东西，只要铁钳夹在哪个位置，该位置就被磁化为S极。显然，这种磁化结果是铁钳造成的。笔者测量了夹持鱼形铁片的铁钳钳头（图8-8）的表磁，极性为N极，强度60.6 Gs。而鱼身被夹部位为S极，两者符合磁化对应关系。第三，铁钳钳头表磁（60.6 Gs）约为地磁场（0.750 Gs）的80.8倍；不用铁钳夹持，仅靠地磁场几乎不产生热剩磁，所以在鱼形铁片磁化过程中，起决定作用的是铁钳。

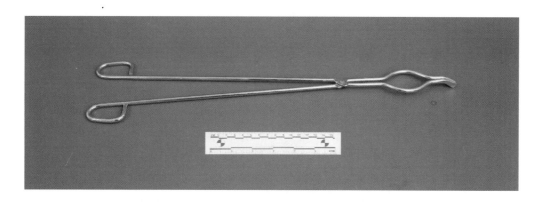

图8-8 《武经总要》"鱼法"实验所用铁钳

铁质工具在使用中，由于碰撞、摩擦及互相磁化等原因都会带有剩磁。笔者测量了实验室内常用的其他铁质工具（图8-9），都带有显著的剩磁。如铁锉260.6 Gs、铁剪71.4 Gs、斜嘴钳68.1 Gs、平口钳42.8 Gs。笔者又新购置了一把传统铁钳，尚未使用时，钳头表磁为25 Gs；经过捶打、摩擦与其他铁器共同放置使用一段时间后，表磁提升为65 Gs。古代铁匠所用铁钳形制与此相同，也都经历长时间使用，与其他铁器一并放置，钳头必定会形成一定的表磁。

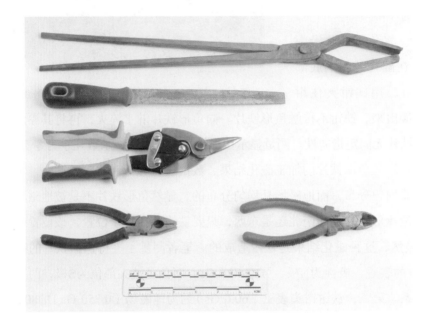

图8-9　金工实验常用的铁质工具

# 第三节　磁化工艺探索

现代磁学表明，形成热剩磁并未要求温度必须达到居里点以上。从居里点以下开始降温也可以获得热剩磁，被称为部分热剩磁。为了检验加热温度对鱼形铁片热剩磁和指向效果的影响，笔者将⑤、⑥号鱼形铁片（45#中碳钢）分别加热到400 ℃、600 ℃，用铁钳夹住鱼首取出淬火，再测量其最大表磁；然后将其沿东西方向漂浮在水面上，测试其完成指向正南北所用时间，结果见表8-1：

表8-1 《武经总要》"鱼法"加热温度对指向效果的影响测试

| 鱼形铁片序号及项目 | | 400 ℃ | 600 ℃ |
|---|---|---|---|
| ⑤ | 最大表磁/Gs | 14.2 | – |
| | 完成时间/s | 12 | – |
| ⑥ | 最大表磁/Gs | – | 17.34 |
| | 完成时间/s | – | 10 |

结果表明，鱼形铁片无须加热到铁的居里温度（770 ℃）以上，在400 ℃左右获得的部分热剩磁已经足够令中碳钢材质的鱼形铁片有效指向。

本书第三章第三节已介绍了提高碳含量、进行淬火处理有助于提升铁碳合金的矫顽力和热剩磁。但在实践中，碳含量高的鱼形铁片制作难度显著增加，甚至达到人工方式难以加工的程度。符合实际操作的加工方式，应当是尽量选择熟铁或中低碳钢来制作；加热时将其埋在炭火内，置于还原性气氛中，有助于渗碳，提升碳含量。

鱼形铁片如果不蘸水淬火，只是在空气中降温，冷却速度也很快；与淬火相比，其热剩磁虽然相对弱一些，但不影响指南。不过《武经总要》既然已经明确记载了要在水中淬火，表明其加工过程中包含了淬火工艺，说明"鱼法"工艺达到了较成熟的程度。

# 第四节 《武经总要》"鱼法"文献新解

基于以上实验得到的认识，再来品读《武经总要》"鱼法"这段文字，发现几乎每一句话都与实验中的工艺细节相对应，不是随便讲的。仔细解读这段文字可以帮助我们更清晰、具体地认识"鱼法"。

鱼形铁片"以薄铁叶剪裁"。用"铁叶"而非"钢叶"，而且可以裁剪，说明其碳含量不会太高，因此宜选择中低碳含量的材质。实际上，笔者曾试图用厚1 mm、宽20 mm的#65碳钢带①来制作，用磨制、冷锻的方法将其做成薄片，难度都很大；即使将其烧红，刚取出来立刻就降温变硬，无法热锻。鉴于中低碳钢鱼形铁片已经具有很好的指向功能，古人也会选择中低碳钢为材质。

将鱼形铁片放在炭火"中"而非炭火上。埋在炭火中，有助于渗碳，提高碳含量；若置于炭火外，架在火苗上，容易会造成脱碳，降低碳含量。所以加热过程也注意到了防止脱碳的发生。

"通赤"不能解读为达到居里温度以上，而是400~500 ℃即可。达到居里温度以上的说法在实践中也是行不通的。鱼形铁片厚度仅0.18~0.40 mm，在空气冷却速度极快。本实验中，鱼形铁片只有在炉内时才能达到居里温度；从炉中取出，在空气中立刻显著降温，由橘黄色变为暗黑色与暗红色相间。在正对南北位时，已经完全变为暗黑色，不可能保持顺磁体。

《武经总要》记载的"以铁铃铃鱼首出火"是关键细节；用"铁铃"而非铜钳，铃"鱼首"而非"鱼腹"，这是鱼形铁片能够被磁化且鱼首指南的决定性因素，并非随便记载。实用的钳子大都是钢铁制品，即使它们从未接触过磁石或磁铁，或多或少都会积累一些磁性。铁匠在打铁时都用铁钳来夹持工件。这为《武经总要》"鱼法"的产生提供了大量实践机会。

认识到这一点后，再回到前面一句。之所以要"候通赤"，再用铁钳夹取，而非置于炭火中用铁钳一直夹着，是为了防止铁钳被一并加热，造成钳夹退磁，影响鱼形铁片的磁化效果。这也是《武经总要》"鱼法"的重要工艺细节。

实验表明，"以尾正对子位"对磁化没有实际贡献；"没尾数分则止"也非最大程度利用地磁总强度，可能是为了控制冷却速度。对古代工匠而言，钳头剩磁不宜发现，古人的知识背景下也无法认知和解释；而"正对子位"，"没尾数分"显然更直观、容易操作，后历经传播形成了《武经总要》中的记载。

淬火工艺从原理上看有助于促进奥氏体向马氏体的转变，并增加内应力，提高矫顽力，从而提高剩磁，而且可以快速冷却。

以"密器"收藏，而不是秘器。这样做是为了妥善保存，防止鱼形铁片与其他铁器碰撞、摩擦导致指向不准，并非有工艺机密。常有人说热剩磁不稳定，容易退磁。这些说法都没有实验依据。本节的热剩磁法磁化实验系2016年2月间开展。在

---

① 该#65碳钢样品无出厂检测报告，根据国家标准，#65碳钢中Fe以外元素含量（%）：C0.62~0.70，Si0.17~0.37，Mn0.50~0.80，P≤0.035，S≤0.035，Cr≤0.25，Ni≤0.30，Cu≤0.25。

放置1年半后，仍然可以有效指向。此结果表明，如果保存适当，热剩磁方法不容易退磁。

"置水碗于无风处"表明水浮法容易受风的干扰。水浮法最大的不便是铁片缺少横向阻力，稳定性不佳，会向容器边缘漂浮。中国古代水罗盘也一直受此困扰，直到旱罗盘的出现。

"其首常南向午也"，即少数情况下不指南，也就是指北或无固定指向。如果指北，说明鱼首为N极，即夹持它的铁钳钳头磁性为S极；若无固定指向，说明铁钳磁性太弱或炉温不够，鱼形铁片获得的热剩磁不足以驱动其指向。

通过实验还可以让我们获得以下认识。为了便于漂浮于水面，铁片适当中间下凹，形成小船状；边缘适当打磨整齐、光滑。由于经过炭火灼烧，铁片表面形成氧化膜，提高了铁片对水的不浸润性；还可适当涂抹一些油脂或蜡，进一步提高水的表面张力，使铁片易于浮在水面，也可防锈。

# 第五节　热剩磁指南针技术来源讨论

关于《武经总要》"鱼法"的来源，现在尚无明确资料。笔者就目前的线索与自己的初步想法与读者做如下分享。

《武经总要》中记载了很多军用装备，其内容多数源于此前的其他兵书。例如，行炉在唐代李筌《神机制敌太白阴经》、杜佑《通典》，北宋李昉《太平御览》、许洞《虎钤经》中都有记载，且文字相近，存在明显的引用关系（黄兴，2013）。但"鱼法"在其他兵书的相关篇章难以找到。如《神机制敌太白阴经》"迷途篇"讲迷路之后辨别方向，一种是考辨识星辰，另一种是天阴下雪时，用老马在前面引路，没有提到"鱼法"（李筌，1996）。《虎钤经》成书于北宋景德元年（公元1004年），早于《武经总要》40余年，该书"失道第六十八"记载，夜晚迷路可以根据季节以北斗定向；如果是"本路"，则放开老马引路，也没有提到"鱼法"（许洞，2004）。

其实这也反映出一些信息："鱼法"系《武经总要》新增的内容，或是最新创制，或是此前高度保密。

从工艺角度来分析，锻制铁片是铁匠们经常开展的工作。冷兵器时代，会有很多铁匠随军而行，随时修理、打造兵器、铠甲等。铠甲的尺寸、厚度与《武经总要》鱼形铁片相近，而且都需要通过淬火提高硬度，也会用铁钳夹持。随军工匠们有大量机会发现铁甲的热剩磁现象。热剩磁法不需要磁石，很适合野外军用。这与《武经总要》作为兵书的主旨也是相符合的。有可能鱼形铁片指南现象是铁匠们首先发现的，后被纳入《武经总要》。

还有另外可能性，即"鱼法"与《武经总要》该书编者之中的曾公亮、杨惟德有一定关联。

曾公亮是福建泉州人，青年时代在泉州度过，到京城做官后也曾多次回到泉州[①]。宋元时期，泉州是中国海洋贸易的最大港口，也是世界最大海洋贸易中心之一。当时航海已常用鱼状铁片，外形与《武经总要》"鱼法"相同。曾公亮对指南针应该是了解的，不能排除《武经总要》"鱼法"来源于航海。如果再追述，唐以降，堪舆术分为江西和福建两派。福建派堪舆术与航海指南针的出现可能有重大关联。北宋航海或更早的堪舆中可能已用此法，但尚未发现记载。

杨惟德也是《武经总要》的编者之一，主要负责该书后五卷阴阳占候等内容的编纂。有些版本在标注编者时经常将其忽略。他供职于北宋司天监，是著名的宫廷天文学家，在天文学、物理学等多个领域有重要贡献，包括发现和记录公元1054年的超新星爆发。杨惟德在《茔原总录》卷一"主山论"首先发现了地磁偏角并记载其具体数值。尽管没有证据表明杨惟德直接参与"鱼法"所在篇章的编写，但不能排除他对"鱼法"的收入是有贡献的。

在本章，通过系列实验研究了《武经总要》"鱼法"的磁化机理，证明系利用铁钳的磁性完成热剩磁过程；"鱼法"指向性和磁稳定性都很好；地磁场在热剩磁过程中的贡献微乎其微，未发挥实质作用。热剩磁效应的利用，表明了中国古代在公元1000年前后，在磁性指向技术领域居于世界领先地位。

---

① 海洋出版社刘义杰先生曾于2017年3月在泉州海外交通史博物馆做报告"从堪舆罗盘到航海罗盘——兼谈闽人对航海的贡献"。笔者对曾公亮及《武经总要》"鱼法"与泉州关系的思考受到了该报告的启发。

# 第九章

## 古代指南针起源与演变之探讨

关于磁石指向器和铁质指南针的系列实验表明，古人所具有的知识以及能够获取或制备的磁性材料是古代指南针技术产生和发展的制约性因素。在满足这些条件的前提下，技术实现方式有多种可能性。

本章把前面实验结论进行综合比较，对指南针技术演变的技术因素进行分析；并与文献记载所展现的古代磁性知识、相关社会背景相结合，对古代指南针起源与演变的历史可能性和促进其发展的影响因素进行综合探讨。

## 第一节　磁石勺方案的可行性与历史可能性

当前古代指南针技术研究的焦点也是难点，即指南针的起源和早期可能的技术状态。王振铎提出的天然磁石勺方案是否可行及其历史可能性如何，是一个不容回避的问题，也是本书重点探讨的内容。

### 一、磁石勺方案技术特征分析

实验显示"磁石勺"司南方案是可行的，经过综合比较，笔者认为该方案是以磁石为材料的各类指向器中的最佳设计方案。

王振铎制作的磁石勺可以指南，而其他人未能重复该方案的主要原因是没有找到合适的磁石。本书的实验表明，在当今地磁环境下，开路磁化强度≥15 emu/g 的磁石勺状制品已经具备很好的指向性；在秦汉时期的地磁环境下，在华北、中原及关中地区，同等磁性的磁石勺的指向性优于现代。由于具有天然剩余磁化强度越高的磁石所占比例越小，则古代可实现与当今同等指向效果的磁石材料的矿源将数倍于当代。即秦汉时期比现在更容易实现磁石勺指向。

与笔者采集到的磁石相比，王振铎所用磁石剩磁仍然偏弱。其磁石勺需要放在光滑的青铜表面才能指南，王振铎将《论衡》"司南之杓，投之于地"的"地"释作青铜轼盘的原因也在于此。古代轼盘是否有此用途尚无证据，所以有研究认为王振铎对"地"的解释有些牵强。有研究者也提出"地"为"池"之误，应该是指水银池，磁石勺漂浮在水银上面，同水浮法（王锦光 等，1988）。这种解释可能更为牵强。笔者所制磁石勺在当今地磁强度下，置于较为平整光滑的砖石地面、较为坚硬的木质地板上都可以有效指南。在秦汉地磁强度下，指向性应更好。所以，"投之于地"的"地"完全可以采用其一般性的解释，即地面。当然，粗糙、松软的地面要排除在外。

磁石属于亚铁磁性物质，实际开路磁化强度很少高于30 emu/g，而且也不能加工的太小。所以用磁石为磁性材料，其质量和转动惯量都会显著大于铁质指南针。唐宋的人造铁质指南针采用了悬吊或水浮法，而磁石如果也采用这两种方法，就会带来很多弊端。这在本文第六章第二节和第三节的系列实验中都已证实。故此，若以磁石为材料，指向器的外形设计和安装方式必不同于铁质指南针。

对于以磁石为材料的磁性指向器，勺状方案有多个显著优点。

勺体所受转动阻力源于勺底的滚动摩擦力，平动阻力源于勺底在水平方向的滑动摩擦力。这样就较好地兼顾了准确性、响应速度和稳定性。磁石勺底面尽管可以做得很光滑，但平向的滑动摩擦阻力还是远大于转向的滚动摩擦阻力，因此磁石勺就不会像水浮法中那样平向漂移。

勺柄的存在增加了勺体沿勺柄所在竖直面内的转动惯量。向下触碰勺柄之后，就可以形成较大的初始角动量，勺柄会长时间地维持上下摆动；勺体得以较长时间发生转动，有助于勺柄指南。指向测试显示，若勺柄上下晃动时间不够，则勺体在未指南之前就容易停止转动；需要重新触动勺柄，使之继续上下摆动。所以勺柄对完成指向有很大的帮助。

有人可能会想，如果把勺柄做成两个、对称状分布，效果是否会更好？本书第七章第三节的实验表明，答案恰恰相反。因为在这种形状下，勺体的质量集中于转动中心，在同等质量或同等长度条件下，其转动惯量小于单柄勺，不利于勺体维持摆动。磁石勺的长度受磁石限定，在既定长度下，要尽可能实现较大的转动惯量，只能采用单柄方式。

此外，第六章的系列实验显示，其他勺状方案的有效磁化强度、稳定性或外观效果都不及磁石勺方案。

综上认为，磁石勺司南方案非常合理、巧妙，是用天然磁石制作磁性指向器中的最佳方案。如果古人曾做过大量探索、试验，最终会倾向于选择这种方案。

二、《论衡》"司南"语句新探

王充《论衡·是应篇》中涉及"司南"的整段文字如下：

> 狱讼有是非，人情有曲直，何不并令屈轶指其非而不直者，必苦心听讼，三人断狱乎？故夫屈轶之草，或时无有而空言生，或时实有而虚言能指。假令能指，或时草性见人而动。古者质朴，见草之动，则言能指；能指，则言指佞人。司南之杓，投之于地，其柢指南。鱼肉之虫，集地北行，夫虫之性然也。今草能指，亦天性也。圣人因草能指，宣言曰："庭末有屈轶，能指佞人。"百官臣子怀奸心者，则各变性易操，为忠正之行矣。犹今府廷画皋陶、觟𧣾也。（王充，1991）[274]

残宋本《太平御览》卷七六二引作"司南之勺，投之于地，其柄指南"，而该本卷九四四引作"司南之杓，投之于地，其柄指南"（黄晖，1990）。

王充在《论衡·是应篇》中对古代的瑞应逐一加以考察和驳斥。正如其在《论衡·须颂篇》中所言："俗儒好长古短今，言瑞则渥前而薄后，《是应》实而定之。"（王充，1991）[315]《是应篇》的主旨是要澄清瑞应的是非，驳斥汉儒虚构或增饰瑞应的厚古薄今之论。古代言论能够形成文字记载，是由各种因素共同促成的，牵扯到很多背景。仔细梳理，可以发掘出极为丰富的信息。

我们从"王充为什么这样说"这样一个问题开始，对《论衡·是应篇》的这句话、上下文、所处时代进行层层剖析，探索以司南为核心的丰富多彩的历史轮廓，提出了一系列新的想法。

第一，《论衡》"司南之杓（或勺、酌），投之于地，其柢（柄）指南"这句话与磁石勺的使用方法和指向过程相符。

《说文解字》解释："杓：枓柄也"，"酌：盛酒行觞也"。即《论衡》中这句话的操作对象为司南的柄，或勺状之司南。"投：擿也"（擿：古同"掷"），即不是稳稳地安放，而是略有速度地放置。"柢：木根也"，又《集韵·支韵》"柢，《字林》：碓衡"。"柢"作木根或碓衡（即碓杵）解，暗含有木的属性，"柄"也是如此。如果在磁石勺上一定要把木的属性体现出来，那么王振铎制作的4号木柄勺（图1-1）可以为代表；若作一般性理解，可解释为柄端或柄。因此，这句话可理解为：将司南以一定的速度放在地上，或将司南的柄拨向地面，柄或柄端就会指南。

在磁石勺指向测试中，我们已经认识到，如果地盘平面非常光滑，地磁场强度较高，磁石勺放到地盘上，即可自动指向；如果条件不够，最佳的操作方式就是向下触碰一下勺柄，使之晃动起来，令勺底与地盘的滑动摩擦转变为滚动摩擦，磁石勺就会指南。剩磁较高的磁石毕竟是少数，光滑程度较高的支撑平面也不一定随磁石勺一起携带，所以在更为通常的情况下，磁石勺需要触碰一下，将之启动，完成指南。

王充《论衡》中的这十二个字表达的含义和磁石勺指南的用法高度一致，且语言精练、描述到位，可见这是经过仔细观察、斟酌考量才形成的。

第二，王充在《论衡·是应篇》中为什么说司南？为什么要这样说？这包含了什么信息？

王充讲本段话的目的是反驳儒生们对"'屈轶之草'能指人"这件事的言谈。除了本段，还有多个段落都在谈论此事。其目的是说草指人是这种草的本性，并非指出谁是坏人或好人，也不是传达上天的信息。在本段中，用少量文字举出"司南""鱼肉之虫"等也能体现出方向性的同类事物，来说明这些有指向性是事物的本性使然，没有其他的含义。

王充以司南为例来阐述自己的观点，体现出两种可能性：一种是儒生们已经知道司南指南是该器物的本性，王充将此作为多重证据来证明"草能指人"是其本性，不是祥瑞或灵异现象。另一种是王充陈述自己的观点，作为对"草能指人"的拓展说明，认为司南、鱼肉之虫、指人之草所表现出来的现象都属于同类，是其本性使然。但无论怎样，王充在这里以司南为例证，都说明儒生们对司南是不陌生的。

王充的"司南之杓，投之于地，其柢指南"这句话与上下句为并列关系，是一个独立的例证。这句话开门见山，没有铺陈，一带而过，只说了司南的操作方法和指向功能，没有解释司南是什么、怎么制作的、什么原理。这又进一步表明儒生们对司南也是熟悉的。

这些都表明"司南指南"这一现象对《论衡》所辩论的对象——儒生们而言是了解的，此现象并非王充首先发现或提出。写入该书以前，大家在其他场合多见司南指南，或者对司南指南都不陌生，屡有论及。

笔者有一个猜测，《论衡》"司南之杓，投之于地，其柢指南"一句是否可能出自《淮南万毕术》，或者同源。这句话共十二个字，句意完整，可独立成条。此体例与后人整理出的《淮南万毕术》高度相似。从内容来讲，这句话也很符合《万毕术》的主旨；而《万毕术》中有不少条方术确实有一定的实际功能。《万毕术》皇皇十万言，记载方术近万条，现今仅存百余条，绝大多数都散失了。王充所在的时代（公元27—97年）离《万毕术》成书时间（公元前2世纪后期）相距200年左右。即使王充看不到较为完全的《万毕术》，方士们也还传承着《万毕术》里的方术，因为这本书本身就是以方士们为主而编纂的。

第三，东汉时期谶纬大兴，儒生与方士混为一体，磁石勺很可能是方士们的作品。

如本书第二章第二节所言。西汉初以董仲舒为代表的今文经学将天人感应思想引入《春秋》等儒经；汉武帝时形成了"罢黜百家，独尊儒术"的国策；东汉光武帝更是布谶纬之学为官方思想。在此环境下，"经"和"术"相结合，以儒经言灾异之风泛于朝野。方士们为了自身的利益，乐于将自己的思想附会于儒家理论，以自己擅长的技艺为"天人感应"说做证。儒学与方术彼此依附、互为表里，形成了似有可依、又无法证伪的学说体系，出现了"儒生方士化、方士儒生化"的局面。在王充《论衡》中也可以看到方士借儒生之名、儒生借方士之术而宣扬神仙方术的诸多事例。《论衡》中所谓的儒生其实也是方士。

司南在儒生或方士们那里会用作什么？一个器物，投放在地面上，就可以指南。在当时看来，这是多么神奇的事情。以当时的知识，自然无法按照现代科学予以解释。他们要么不做解释，将其视为事物的本性，如王充；要么解释为一种神器，即基于磁石本身特有的灵性，经过开发而具有了指南功能；将其当作祥瑞的可能性不大，因为司南的指南功能是由当时的人制作出来的。

本书第二章第二节已论述了方士们开发利用磁石的事情。方士是中国古代对磁石最了解的群体，几乎穷尽所能来开发磁石为其所用，有着丰富的实践经验。有可能除了"磁石悬入井"，方士们还开发了"磁石勺指南"这一方术。王充《论衡》所言的司南，很可能是方士们开发出来的磁性指向器，作为灵异存在的实证，为"天人感应"之说做证。

当然，技术可行，知识也具备，并不等于历史上真的如此。王振铎在复原磁石勺司南时，也将此定位成比较考究的可能性方案，并坦承"未发现原物以前，姑以古勺之形体充之，以征验其究竟"（王振铎，1948a）[236]。王充《论衡》司南是否为磁石勺指向器还有待发现新的历史资料予以证明。

# 第二节　古代磁性指向器演变的技术分析

根据本书实验结果和认识，我们可以对古代磁性指向器演变的技术内在逻辑进行分析和讨论。

磁性指向器的性能在制作上则取决于磁性构件的材料选用、外形设计和安装方式三个环节，体现为精确度（能否精确指向）、灵敏性（能否快速响应）和稳定性（有扰动时，能否稳定指向）三个方面[①]。

材料选用环节，尽量选用高磁化强度材料，这可以显著提升磁性指向器各方面的性能；在外形设计和安装方式环节，要尽量减小转动阻力以提高精确度和灵敏性，形成适当转动阻尼让磁性指向器可以快速定向，形成较大的平动阻力防止磁性构件平向漂移。古代指南针技术演变本质上就是围绕着这几个方面而推进。

## 一、磁性材料的选用或磁化

天然磁石属于铁氧体，为亚铁磁性物质，其中理论上饱和磁化强度最高的是磁铁矿，约92.3 emu/g（室温）（Robert，1991）[74]。实际上，自然界不会存在这样的磁石。磁石剩余磁化强度受多种因素影响，只会远低于这个值。本书所用磁石最高约30 emu/g级别，与古人所用磁石最佳者相当。人工磁化指南针用铁碳合金来制作磁性构件，铁碳合金是铁磁性物质，其饱和磁化强度远高于铁氧体材料，如纯铁的饱和磁化强度为218 emu/g（室温）（Robert，1991）[74]，还可以通过渗碳、淬火等进一步显著提高；其剩余磁化强度也取决于磁化磁场的强度，可选用表磁和磁矩较强的磁石来摩擦磁化，还可以利用热剩磁先升温降低矫顽力，再用表磁更强的铁钳磁化，后淬火，最大程度提升剩余磁化强度。天然磁石制品要消耗稀少的磁石材料，而铁碳合

---

① 现代航海磁罗经由于铁质船体自身有磁性，还需要有消除自差的功能。古代堪舆罗盘和木船用指南针不存在这个需求。

金的材料足够使用，不受限制。因此，磁性构件由磁石到磁铁可以充分挖掘材料特性，施展人的智慧，是一个革命性的进步。

### 二、磁性构件的形状设计

磁性构件的形状设计是指在材料性能已经确定的前提下，根据使用环境和实际需求对磁性构件的外形进行设计的过程。

本章第一节讲过，对于平面支撑方案而言，需要借助磁性构件的转动惯量来辅助完成指向，这就要求磁性构件具有较高的转动惯量，所以将天然磁石做成勺状，而且是单柄勺。对其他支撑方案而言，由于摩擦阻力大大减小，不需要再借助磁性构件的转动惯量，因此其外形设计自然与天然磁石勺有重大区别，乃至正好相反。

唐宋文献将人工磁性指向装置称之为"针"，即要求直径很细，长度远大于直径，可精准指向。陆地上使用时，可将指南针静置，无论是旱罗盘还是水罗盘，磁针的稳定性问题都不大，只是旱罗盘磁针稳定下来需要的时间可能略长一些。但在海上使用就有问题了。要在摇晃起伏的状态下保持磁性构件稳定指向，就要尽量增大磁性构件的磁矩，减小磁性构件的转动惯量。采用细长形状，磁性构件的转动惯量会随之显著提高。船体起伏或转向时，磁性构件受到扰动而往复摆动，难以快速定向。

在无法显著提高磁化强度的前提下可行的办法是将铁针改为铁片，即制作成鱼形或菱形，这样就在大幅增大磁矩的时候，没有过多地增大转动惯量。如欧洲早期指南针、公元1485年威尼斯出版的书中的磁性指向器都是鱼形，在陆上使用的一些磁性指向器如《武经总要》"鱼法"是鱼形，江西临川南宋墓张仙人俑所持罗盘磁针为菱形。

现代航海磁罗经磁性构件的设计也体现出了这一点。其磁性构件并非用单根长磁体，而是用了2~8根（偶数根）条状磁体，将它们相隔一定间距平行排布；磁体长度不等，其两端都分布在同一个圆周上。第一，这样可在保持一定磁矩的前提下，最大限度地减小了磁性构件的转动惯量，降低摆动周期。再将磁性构件所在的空间密封起来，注入防冻液，同时产生阻尼效果。无论船如何转向，磁性构件都可以稳定指向，不会往复摆动。第二，现代船只都采用铁质船体，自身带有剩磁，包括永久船磁（硬船磁）、感应船磁（软船磁）、半永久船磁、电磁等，导致船体自差可达10°~40°。如何消除船身剩磁对磁罗经的干扰是一个很重要、很复杂的课题（谭冠法，1958）[104-115]。船身剩磁产生的一阶自差可以通过搭配磁体予以消除，而高阶自差却不易消除。航海磁罗经的磁性构件采用这种形状明显减小了磁性构件的长度，可将高阶自差产生的干扰控制到最小。

### 三、磁性构件的安装方式

磁性构件的安装方式涉及诸多力学问题。为提高磁性构件的灵敏度，要尽量减小转动阻力；为保持稳定，要求具有较大的平动阻力和一定的转动阻尼。单纯应用水浮法，转动阻力和平动阻力都是靠水的阻力，无法区别控制。单纯应用悬吊法，平动阻力来源于空气阻力和重力分量，转动阻力来源于绳子的扭矩力和空气阻力，其差别也很小。这样就导致磁性构件容易发生平向漂移，指向不稳。如传统水罗盘磁针由于表面张力会漂向罗盘天池的边沿。沈括指出悬吊法会受风影响；本文模拟实验也显示磁石和细针悬吊后受干扰程度相当严重，且细丝提供的转动阻尼非常小，磁针一般要摆动20 s以上时间才能稳定，磁石则需要更长时间。常有人认为磁石指向器应当采用简便、灵敏的悬吊法或水浮法，其实这是凭借主观想象，缺乏实践经验的想法。

磁石勺、南宋指南龟和传统旱罗盘都采用了支撑法。其最大优点是可以把平动阻力和转动阻力区分开来。通过各种途径增加前者，防止磁性构件漂移；再尽量减小后者，提高精确性和灵敏性。关于这一点，磁石勺的实现方式和原理如本节第一小节所述，指南龟和旱罗盘也无需多言。沈括提到的指甲法和碗唇法也属此类，但太过简易，不够实用。

悬吊法和水浮法的优势在于前者可使磁性构件的重心保持在悬点下方，无倾覆之虞；后者有一定的转动阻尼，可防止磁性构件往复摆动，有利于保持稳定。此两优点被传统旱罗盘和现代指南针所吸收。

万安和新安传统旱罗盘在磁针中心安装了一个配重，配重下表面内凹，用细针顶住，使磁针的重心低于其与细针的接触点，从而防止磁针倾覆。某些现代指南针也是如此，其磁性构件为菱形，在中心部位向上冲压，形成突起，突起中心向上再錾出一个极小凹面，从下面用细针顶住，降低整体重心。这些方案都极大增加了平动阻力，并把接触点控制得足够细小、光滑，有效减小了转动阻力。其实这种降低磁针重心、防止倾覆的设计也等效于悬吊法。部分现代指南针和航海罗盘在盘池内入液体，可以增加转动阻尼，融合了水浮法的优点。

### 四、指南针精度与用途、用法的关系

指南针精度与其所属时代的知识背景、技术工艺和用途及用法密切相关，既是

技术问题，也是实用需求的问题，需要辩证地看待。

关于磁石勺的指向精度，有观点认为磁石勺的勺柄比较粗，不能精确指向。这要看磁石勺司南是用来做什么。它可能用于迷途指向，也可能当作礼器用于仪式活动，但绝不会用于瞄准射击之类。对它的精度要求不能脱离其使用场合而过分拔高。本书第五章的测试表明，在汉代地磁强度下，天然磁石勺在抛光青铜地盘上的指向结果可以集中在5°范围内，即±2.5°；木质地盘上可以集中在9°的范围内，即±4.5°。这完全满足了迷途指向的要求，用作仪式活动更没有问题。

堪舆所用磁针式罗盘对指向精度的要求可以从盘面上的分度制来考察。唐末10世纪《九天玄女青囊海角经》"浮针方气图"（图1-3）盘面共有4圈，由内向外分别为8分度、12分度、24分度和24分度。若按24分度计算，意味着该水罗盘可以接受的磁针误差范围为15°，即±7.5°。江西临川南宋墓出土的张仙人俑所持旱罗盘为16分度，意味着可以接受的磁针误差范围为22.5°，即±11.25°。当然即使盘面采用16或24分度，其原因也是与堪舆理论相联系使然。后世堪舆罗盘被赋予的说法和功能越来越多，盘面圈数也随之增加，分度值越来越小。这对于静置使用的磁针而言，指向精度不存在技术问题。指针与外圈的所指向的分度值距离较远，通过目视直接判断有一定困难，常用一根细线沿着磁针方向拉直来对准外圈的盘面，或者用有弹性的细皮绳经常箍在盘面直径上来延伸指向。

中国古代航海指南针普遍使用24分度制。这与海上使用环境、航路的选择有关；长期使用之后，就形成了固定的方位体系，虽然后世指南针的精度有所提高，但一时也难以脱离24分度制。

海上的船只一直在起伏摇晃，水罗盘的磁针难免会平向漂移，旱罗盘没有这个缺点，但也会有所摆动，都无法保证很高的精度。对此，只能在航路的选择上予以弥补和配合。

古代凭借指南针远距离航海时，并非始终沿着一个方向航行到头，如果那样，必定会偏离目的地；而是在前进的方向上选择距离适当的系列岛屿作为基站，按照岛屿之间的连线来航行。即从某处出发，按照某一针位，行船若干更时或日期，到达下一岛屿，不断走折线到达目的地。所选岛屿之间的距离主要与指南针的精度、海况及海员的观测能力有关。把针向、里程、线路记录下来，就形成了针路簿（也称"更路簿""针经"等）。针路簿还记载了潮汐、气象、水文和航海经验等，成为古代乃至近代用指南针来航海导向的必备资料。中国古代针路簿有很多种，是世代航海者积累起来的极其宝贵的遗产。对针路簿的资料收集或专门研究已有不少成果，如陈佳荣等（2016），郑庆杨（2017）。

近代以来，指南针技术有了显著进步。具有更高精度的磁罗盘传回中国后，为了与原有的针路簿相配合，航海罗盘还必须使用24分度制。例如始建于公元1866年的马尾船厂，其下设钟表厂制造的航海罗盘仍采用24分度（图9-1）。这一时期，也出现了24分度与36分度相结合的航海罗盘（图9-2）。若要开辟新航路少走折线，除了对指南针的精度有更高要求，对船只吨位、观测能力、水文数据等也有相应要求。

图9-1　晚清马尾造船厂生产的罗盘（摄于中国船政文化博物馆）

图9-2　近代24分度与36分度相结合的罗盘（摄于中国航海博物馆）

# 第三节　指南针演变与地磁场变化的关系

本书第五章的实验已经表明天然磁石勺的指向性与地磁场之间存在紧密关联。此外，还可从多个角度对指南针与地磁场变化的关系进行探讨。

## 一、指南针演变与地磁偏角的发现

有人可能会提出疑问，如果秦汉时使用了磁性指向器，为什么没有发现该时期关于地磁偏角的记载？当然，未发现文献记载不等于古人未发现此现象。但本文的复原实验进一步证明，用磁石制成的指向器不支持发现地磁偏角，即地磁偏角的发现与磁石指向器的出现无必然关系。

通过第五章、第六章的实验可以看到，用天然磁石制作磁性指向器是将已具有磁性的材料切割成形或组装起来，即先磁化后标识方位。照常理是按其他非磁性方法预先测定好的地理南北向来标识，如用圭表法通过日影测南北。当然也可以按照磁极方向加工成细条，指向地磁南北极，如第六章第三节的小葫芦水浮法。甚至我们可以控制它固定指向任一方位，如第五章所制1号磁石勺指向西北方。但是如果作为指向器，就会将磁石朝向地理正南方的部位加工成勺柄或者在此部位进行标识。而这个南方是用非磁性方法测得的，必然指向地理南极，而不指向地磁南极，进而决定了磁石制品不支持发现地磁偏角。至于为什么选择指南而不是其他方位，主要是为了沿用圭表法日影指南北的惯例。

地磁偏角随时代和地区有所差别。如果同一件天然磁石指向器的使用范围跨越了地磁偏角有显著差别的时代或地区，其指向会与原定地理南北向发生偏差，这是否会导致地磁偏角的发现呢？

根据古地磁学研究，近2000多年来黄河及长江流域的地磁偏角范围为南偏西10° 13′ 至南偏东23° 26′，磁偏角发生显著变化的时间尺度为200～300年左右（朱岗崑，2005）。一件磁石指向器能否传世使用这么久首先是个疑问，即便可以，在尚不具备地磁偏角知识的时代，且按照前述流程新制天然磁石指向器可以准确指向的情形下，人们只能认为之前的指向器变得不好用了。在同一时代，各地的地磁方向差异很小，例如当代差异不超过5°（关政军，2003）。这一角度与磁石指向器自身的误差级别相当，很难据此发现地磁偏角。即使发现了差异，同样也会被视为指向器出了问题。

铁质磁性指向器的制作流程不同于天然磁石，无论是鱼形铁片、菱形铁片，还是针形指南针都是先加工成形，然后磁化。其指向与磁极方向高度一致。特别对磁针而言，这种一致性是人工摩擦磁化无法改变的。其必然指向地磁南北，从而导致发现地磁偏角。

目前发现的关于地磁偏角的记录都晚于唐后期，且与"针"有关，如《茔原总录》《管氏地理指蒙》《梦溪笔谈》等。地磁偏角的发现受前述磁性材料和制作工艺的制约，唐后期以前未发现地磁偏角并不能判定之前没有发明磁石指向器。地磁偏角的发现恰好正意味着铁质指南针的出现。进一步讲，如果发现了早于唐代的地磁偏角文字记载或活动遗迹，我们就要注意，很可能当时已经应用了铁质指南针。

### 二、建筑朝向与地磁偏角及指南针发明时代

有不少研究者已经注意到建筑遗迹的朝向与古代地磁偏角之间的关联。这可以增进我们对古代指南针的起源、应用，以及古地磁偏角演变的认识。

如果古代街道、宫殿、城墙、陵墓等是利用指南针来测定方位，其遗迹的朝向就可能体现出其兴建时代该地点的地磁偏角；如果遗址具有不同时代叠压的情况，还可能体现出地磁偏角演变的情况。李约瑟曾对唐长安城、北宋开封城，以及南京、成都和甘肃山丹、金国上京会宁（位于今哈尔滨阿城）等地街道角度与古代地磁偏角的关系进行了探讨（Needham，1962）[312-314]。富森（Fuson R H）提出中美洲玛雅人在建造金字塔时如果用了磁罗盘取向，其朝向也会与其建造时代相关（Fuson，1969）。

如果古代建筑的修建时间可以上溯到唐代以前，乃至战国及秦汉时期，就有可能为研究磁性指向技术的发明时间提供帮助。

有文献利用谷歌地球软件测量了自秦始皇至北宋的21座方锥状封土的皇帝陵墓及1座阅兵台的建筑朝向，并与根据古地磁偏角计算模型得到的结果进行了对比（Klokočník，2017）。该文章所用的古地磁偏角计算模型的精确度为±5°。结果发现，有6座陵墓的方向与地理南北方向的偏差在1°以内；7座陵墓与1座阅兵台既不在地理南北正方向，又与地磁偏角曲线相差超过了5°；8座陵墓的方向与地磁偏角

方向偏差在5°以内，但其中秦始皇陵比地理南向偏东3°，比当时地磁偏角偏东5°，唐高宗之子李弘恭陵比地理南向偏东0~5°。笔者认为这2座陵与地理南向的误差都小于或等于古地磁偏角计算模型的精确度，即朝向更接近地理南北向；在此模型的精确度条件下，不宜认定其采用了磁性指向技术。其他6座陵墓在修建时是否应用了磁性指向技术，值得考虑。这6座陵墓为西汉高祖长陵、西汉景帝阳陵、宋太祖永昌陵、宋真宗永定陵、宋仁宗永昭陵、宋英宗永厚陵。

对该结果我们还要谨慎分析。第一，古代建陵墓不一定按照南北来取向，会结合周边地形、水流等地理因素，包括帝王本人在内的人的主观意志来定向。如果恰好与地磁偏角方向相近，也是很正常的。第二，由于该文献所用地磁偏角计算方法是对全球结果进行球谐函数展开式来求解，而非实测，导致精度不够。这使得比较的结果很不清晰，难以仔细判断。

本书前面的实验和分析表明，如果秦汉皇陵用了磁石勺来定向，也不会指向地磁偏角方向，更可能指向地理南北极。或许磁石勺使用地点与制作地点的地磁偏角不同，导致指向偏差，但只会有很小的概率指向当地地磁偏角方向。如果有更多其他遗址和更精细的数据能够证明其朝向确实与地磁偏角同向，那就趋向于证明当时已经使用了铁质指南针。

古建筑与地磁偏角的关系还是给我们提供了一条值得探索的道路。测定已知年代古建筑的朝向，再利用当地同时期历史沉积物或具有热剩磁的遗迹来分析古地磁偏角，对两者进行比较，进而可以讨论这些古建筑在修建时是否利用了磁性指南针，必将有重要收获。

三、试探中国地磁演变的特殊性及对指南针的影响

本书第三章第四节所引用数据显示出国内地磁场水平分量的历史性变化。本节再把视野拓展开来，看中国地磁场水平分量与全球其他地区相比是否存在一些特殊性。

资料显示，近2000年来世界各地地磁倾角演化有较大的差异（图9-3）。中国和日本的数据较为接近，而罗马、巴黎、伦敦等欧洲城市和地区近500~800年来的数据与中国几乎相反（邓兴惠 等, 1965）。这样的结果导致此时期内东亚的地磁场水平分量会显著高于欧洲上述城市。

古希腊的先哲们在公元前6世纪就发现了磁石互相吸引、排斥等磁现象，而欧洲应用指南针却很晚。有文献通过对考古出土物的热剩磁研究检测了保加利亚境内

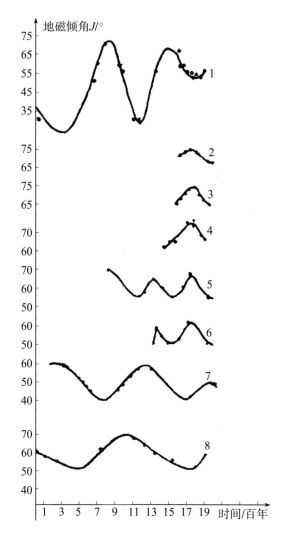

（1北高加索地区，2、3伦敦和巴黎，4巴黎，5罗
马，6西西里岛，7日本，8北京）

图9-3　近2000年来世界部分城市地磁倾角演变
（邓兴惠 等，1965）

的地磁三要素（Kovacheva et al., 1994）。保加利亚位于欧洲东南部巴尔干半岛的东南部，与希腊、马其顿和土耳其接壤，距离雅典和伊斯坦布尔都不远。其所在的区域是古代西方早期文明的发源地之一。笔者据该文献计算了该地区的地磁场水平分量（图9-4）。可见在近2000年，保加利亚的地磁场水平分量全部显著低于中国北京、洛阳和天水的值。

关于现当代地磁场水平分量，地磁学领域已经有完整的全球性数据。这些数据

地磁场水平分量/Gs

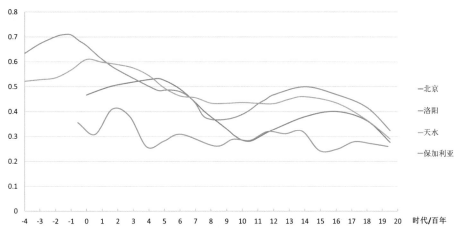

图9-4　2000年来保加利亚地磁场水平分量演变

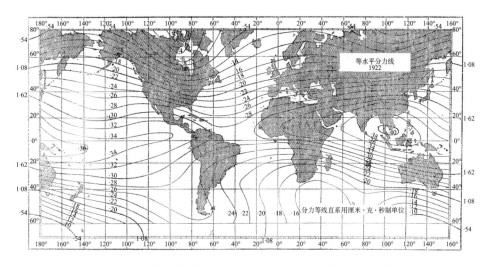

图9-5　全球地磁场水平分量分布图（谭冠法，1958）[86]

也是现代磁罗经技术领域的重要内容，因为它对磁罗经的指向性能和使用有很大影响（关政军，2003）。1922年的测量数据显示（谭冠法，1958）[86]，全球地磁场水平分量分布存在不小的差异。其最高点位于亚洲大陆中南半岛南端，包括柬埔寨、越南南部和泰国中部以及中国南海西南区域，达0.4 Gs以上；然后以此区域为中心，向周围递减（图9-5）。

图9-5还显示，在亚欧大陆上，中国所在区域的地磁场水平分量为0.28～0.38 Gs，明显高于自北纬42.5°至北纬20°的同纬度周边地区。而欧洲所在位置地磁场水平分量范围是0.12～0.26 Gs。两者差异显著。

我们还应该注意到，自西太平洋特别是南海地区往西，经印度洋北部，到非洲东海岸，属于地磁场水平分量较高的区域。航海指南针正是在这一区域首先应用和发展起来的。

对天然磁石指向器而言，中国古代的高地磁场水平分量对其指向性确实有很大的提升。但其前提是中国古代确实存在天然磁石指向器。而现在历史真实性无法判断，我们只能认为，中国的古地磁场演变确实具有特殊性，且有利于秦汉时期发明天然磁石指向器。磁针式指南针的剩余磁化强度显著高于天然磁石制品，所以在其公元12世纪前后传到西方时，受地磁环境影响的程度非常小。

地磁场水平分量存在地理差异是客观事实。磁性指南针技术出现较早地区与地磁场水平分量高值区域也确实存在对应关系，但地理因素对指南针的发明和应用是否存在实质影响有待进一步研究。

# 结　语

古代指南针的相关研究凝结了近百年来持各种观点的众多研究者的群体智慧。希望笔者的工作能够在实证研究领域有所贡献，有助于大家对长期争议的问题形成阶段性的共识，有助于对古代指南针技术及其演变得到更深刻的认识，共同推进对古代指南针各方面的研究。

中国古代方士是认识、开发和应用磁石磁性的主要群体。已有证据足以表明，秦汉时期方士们已经具备了发明磁性指向技术所需的知识和能力。本书的实验证明，在先秦至汉唐的磁石资源、知识经验、加工水平和地磁环境等条件下，古人有能力且可不费力地将天然磁石加工成多种具有良好指向性的磁性指向装置。综合指向性能、外形品相、与文献贴合程度等因素，王振铎提出的磁石勺方案是其中的最佳复原。尽管古文献信息量少，尚缺乏考古支持，但现有资料对该方案并不排斥，并趋向于支持司南是磁石勺。诚然，历史是否如此，有待明确的依据。

至迟从唐后期起，铁碳合金被用于磁性指向。铁碳合金属于铁磁性材料，与磁石相比，其磁学性能更好，成本更低，加工手段和安装方式更丰富。铁质指南针的发明在指南针技术史上具有划时代的意义。指南针技术自此得以快速发展，并获得广泛应用。

古代铁质指南针的磁化机理有通过摩擦获得等温剩磁和利用热剩磁两种方式。摩擦磁化指南针有磁针式和铁片式（鱼形或菱形）两大类。磁针式指南针通过摩擦磁化可以获得很高的剩余磁化强度，成为古代指南针的主要形态；鱼形铁片式可以获得较高的磁矩，具有较高的稳定性，适用于航海。北宋《武经总要》"鱼法"系利用铁钳磁性通过热剩磁效应将鱼形铁片磁化；无论是将鱼形铁片加热到居里点温度以上获得全部热剩磁，还是加热到400 ℃左右得到部分热剩磁，都可获得良好的指向性能；淬火、渗碳都有助于提升磁化效果和指向性能。相比而言，磁石摩擦法简单易行，但必须要有磁石，且稳定性差；热剩磁法较为复杂，但不依赖磁石，且稳定性好。

中国古代指南针的发明与演变与诸多因素紧密关联。大规模冶铁活动为磁现象的发现提供了机会；较为丰富的磁石矿资源和独特的地磁演变背景为指南针的发明提供了有利的客观条件；古人对磁石磁性的长期关注和思考为指南针的发明奠定了知识基础；先进的钢铁技术为指南针技术的发展与演变提供了材料支持；古代文化信仰、丧葬礼俗、野外旅行以及远距离航海为指南针应用提供了广泛的社会需求，各种指南针磁性构件的外形尺寸、安装方式及其演变与指南针的用途和用法紧密相关。

指南针已经深深地融入了我们的社会，在谶纬堪舆、陆路交通、海上导航等领域扮演了重要角色，发挥了很大作用。"司南""指南""指南针"等词汇的含义也超出了其本体范畴，具有了给人以正确引领的象征意义，指南针史研究也因此具有了更丰富的意义。

# 附录A

## 制作地磁场模拟装置

## 第一节　目的与要求

在不同时代和地区，地球磁场的总强度、地磁倾角、地磁偏角等都有所差异，它们对古代指南针的可用性、技术类型有重要影响。本研究在古地磁环境下进行指向测试等模拟实验，并且与磁石磁矩测量装置配套使用测量磁矩，都需要制作一套适用的地磁场模拟装置。

根据已有文献对中国秦汉以来地磁场强度的研究以及测量磁石磁性的要求，对本装置可实现的磁场强度和均匀度要求如下：

磁场强度：采用导电亥姆霍兹线圈的磁场与地磁场叠加的方式，组成模拟磁场。模拟古代地磁场测试磁性指向器的可用性时，只模拟水平分量，将线圈水平放置；需要模拟地磁倾角时，将线圈倾斜放置。将中心区域由线圈产生的磁场范围设计为0～2 Gs；与地磁场叠加后，水平分量约为0～2.46 Gs；其最大值是现代值的5.35倍，是东汉时的3.51倍。

均匀度：磁石外形尺寸小于150 mm，至少需要在150 mm×150 mm×150 mm区域内磁场强度与中心点的偏差（$\Delta H/H$）$\delta \leqslant 1‰$。

此外，考虑到将来可能会在野外考古工地现场使用，还要求具有可移动性，适合装车运输，能经受一定程度的碰撞，配置可移动电源等。

# 第二节　仪器设计

## 一、主体结构设计

该装置的主体结构是一个一维二环正方形亥姆霍兹线圈。亥姆霍兹线圈是由两个尺寸相同、共轴、平行的密线圈组成，结构简单，能产生均匀性较好的磁场，是磁测量等物理实验的重要组成部件。用高精度电流控制器调节线圈电流，使用磁通门计配合测量磁感应强度，可以在适合的空间内模拟不同强度的地磁场（Arthur，1966）。

取二环正方形线圈的中心为坐标原点，线圈水平边向右为$x$轴正方向，线圈竖直边向上为$y$轴正方向，$z$轴垂直于线圈平面。$z$轴方向与电流方向形成右手螺旋关系，设正方形边长为$2l$，两线圈距离为$a$。

根据毕奥－萨戈尔定律和相关计算（谭曦 等，2012），若要设计出中心位置（即$z=0$）处磁场最均匀的方形赫姆霍兹线圈，则$a=0.5445l$。

且一维二环正方形亥姆霍兹线圈中心点磁感应强度为：

$$B_0 = 0.6481 \frac{\mu_0 NI}{l}$$

式中：$B_0$——线圈中心点磁感应强度，单位 T；

$\mu_0$——真空磁导率，单位$4\pi \times 10^{-7}$ T·m/A；

$N$——线圈匝数；

$I$——线圈电流，单位 A；

$l$——1/2线圈边长，单位 m。

根据前人研究和制作经验，在中心位置，半短轴长为线圈边长22.6%的椭球形空间内，磁感应强度的偏差$\delta \leqslant 1\%$；13.3%的空间内$\delta \leqslant 1‰$（谭曦 等，2012）。本研究要求线圈中心位置区域至少在边长150 mm空间内，$\delta \leqslant 1\%$，则线圈边长$l \geqslant 563.9$ mm。

在实际制作中，再结合制作精度要求和便于搬运移动等因素，将线圈内边长设置为800 mm。

综上因素，亥姆霍兹线圈结构设计见图A-1～A-3：

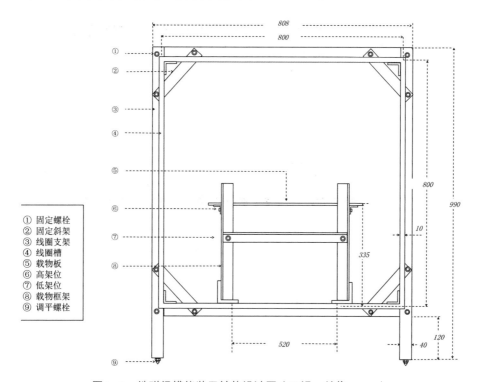

① 固定螺栓
② 固定斜架
③ 线圈支架
④ 线圈槽
⑤ 载物板
⑥ 高架位
⑦ 低架位
⑧ 载物框架
⑨ 调平螺栓

图A-1　地磁场模拟装置结构设计图（正视，单位：mm）

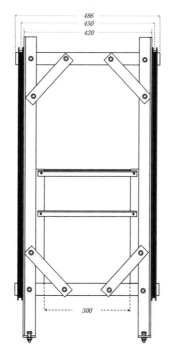

图A-2　地磁场模拟装置结构设计图（侧视，单位：mm）

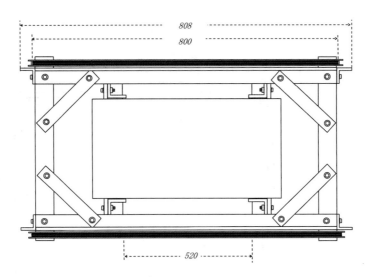

图A-3　地磁场模拟装置结构设计图（俯视，单位：mm）

## 二、电流设定与漆包线选型

根据一维二环正方形亥姆霍兹线圈中心点磁感应强度计算公式可得：

$$I = \frac{B_0 l}{0.6481 \mu_0 N}$$

将$B_0$定为3.00 Gs，则：

$$NI = \frac{B_0 l}{0.6481 \mu_0} = 147.517$$

选用标称直径0.60 mm、载流量3.0 A/ mm² 的铜芯单股漆包线，最大电流$I$为0.8482 A，则：

$$N=173.91 \approx 174$$

不超负荷工作时，线圈中心可形成的最大磁感应强度（含地磁场）为：

$$B_0 = （3.00 + 0.46）\text{ Gs} = 3.46 \text{ Gs}$$

## 三、仪器制作

本研究要求线圈均匀度尽可能高，即制作精度高且不变形，还可装车搬运，能经受轻度挤压和碰撞。笔者一度使用碳纤维方管来制作线圈骨架，强度仍不理想。最终选择角铝、铝槽、SAE 64铜螺栓[①]等非磁性材料，达到了强度要求。本研究涉

---

① 本装置所用SAE 64铜零件执行美国标准ASTM B505，属于高含铅的锡青铜，其主要元素成分：Cu78.00~82.00%，Sn9.00~11.00%，Pb8.00~11.00%。SAE 64铜不含铁，不对地磁场模拟装置产生影响。

及的都是静磁场，使用金属骨架对使用效果没有实际影响，只是放弃了交流磁场的应用可能性。加工组装时，测量定位后先用热熔胶准确固定，再用电钻打孔，用铜螺栓紧密固定，以达到较高的制作精度，成品见图3-19，图A-4。

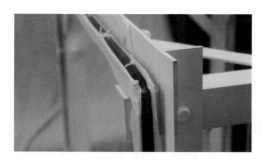
a：线圈局部

b：操作平台

c：调平螺栓

d：接线开关

图A-4　地磁场模拟装置局部结构

## 四、使用方法与性能检测

经过实际检测，该地磁场模拟装置的参数见表A-1：

（1）线圈基本参数

表A-1　地磁场模拟装置线圈参数

| 绕线线径 | 线圈物理边长 | 单个线圈匝数 | 总线圈电阻（20 ℃时） |
| --- | --- | --- | --- |
| 0.60 mm | 400 mm | 174 | 69.4 Ω |

（2）磁场均匀度检测

本次检测在中国科学院自然科学史研究所古代科技史综合实验室P201室中进行。线圈置于实验室中央，其他无关电器的电源全部关闭。

将一枚现代指南针放在操作平台中央，将装置线圈轴向沿地磁南北方向放置，且线圈南北与地磁南北同向，借助水平仪将线圈调平。

预先用磁通门计测得地磁场水平分量为0.272 Gs，垂直分量为0.395 Gs。将磁通门计示数减去地磁场后，在地磁场模拟装置线圈中通以0.1800 A的稳定电流，中心点磁场为626.69 mGs，移动磁通门计探头，测量线圈在各个位置产生的磁感应强度值。

本次检测使用的磁通门计为北京翠海佳诚磁电科技有限责任公司生产（图A-5），型号：CH-330，采用国产探头，最小分度值1 nT，量程0～9.99999 Gs；实际使用中后两位数字一直在浮动，因此有效位数取到0.001 Gs。

图A-5　翠海佳诚CH-330型磁通门计及三维探头

以线圈中心为0坐标，则：

$$均匀度 = 1 - (B_{max} - B_{min})/\overline{B}$$

计算结果见表A-2，中心位置边长10 cm空间中均匀度为99.4%，边长20 cm空间中均匀度为98.2%。这说明本线圈具有很好的均匀度，在同价位级别的线圈中居于上乘。

表A-2　地磁场模拟装置线圈磁场不均匀度测定

| 坐标/cm | 5, 5, 5 | 5, 5, -5 | 5, -5, -5 | 5, -5, 5 | |
|---|---|---|---|---|---|
| $B$/Gs | 0.613 | 0.613 | 0.610 | 0.610 | 均匀度 |
| 坐标/cm | -5, 5, 5 | -5, 5, -5 | -5, -5, 5 | -5, -5, -5 | 99.4% |
| $B$/Gs | 0.611 | 0.610 | 0.609 | 0.611 | |
| 坐标/cm | 10, 10, 10 | 10, 10, -10 | 10, -10, -10 | 10, -10, 10 | 均匀度 |
| $B$/Gs | 0.621 | 0.617 | 0.609 | 0.611 | |
| 坐标/cm | -10, 10, 10 | -10, 10, -10 | -10, -10, 10 | -10, -10, -10 | 98.2% |
| $B$/Gs | 0.611 | 0.620 | 0.620 | 0.619 | |

（3）磁场-电流公式

以10.0 mA为公差，逐级增加电流强度，测量中心点的磁感应强度。根据第三章第四节的考察，古代地磁强度最大值约750 mGs，故在这一区间内进行检测。结果见表A-3，线性拟合见图A-6。

表A-3　地磁场模拟装置"电流-磁场"公式的测定

| $I$/mA | 0 | 4.06 | 10.1 | 20 | 29.9 | 40.1 | 50.1 | 59.9 | 70.1 |
|---|---|---|---|---|---|---|---|---|---|
| $B$/mGs | 289 | 302 | 324 | 359 | 393 | 428 | 463 | 497 | 532 |
| $I$/mA | 80 | 90 | 100.1 | 109.6 | 120 | 130 | 139.8 | 149.7 | 160.3 |
| $B$/mGs | 567 | 602 | 637 | 670 | 706 | 741 | 775 | 809 | 853 |

从拟合趋势线来看，检测数据的线性非常好。拟合公式即线圈的"电流-磁场"公式，在小数点后取两位有效数字，即：

$$B = 3.49I + 271.21$$

式中：$B$——线圈中心的磁感应强度，单位 mGs；

$\quad\quad I$——线圈电流，单位 mA。

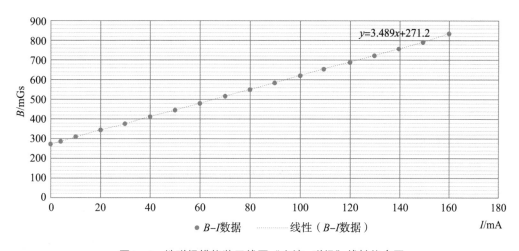

图A-6　地磁场模拟装置线圈"电流-磁场"线性拟合图

"电流-磁场"公式中的常数项271.21 mGs即测量所在地的地磁场水平分量多次测量平均值。

使用该装置时，先将其放置平稳，再把水平仪放置在操作平台上，调节调平螺栓将装置调平。接通电源，产生磁场。再次使用线圈时，一定要注意将线圈轴线对准地磁方向并且提前测得所在地的地磁场水平分量。

事实上，在我们现代生活环境中，地磁场常会受到各种干扰，有时候会产生显著变化。笔者使用磁通门计测量发现，在办公室、庭院的地表附近，地磁场水平分量范围为250~300 mGs，系由于楼板内有钢筋、庭院中有地下管线；在距离铁质桌椅、门框10 cm处内，磁场变化可达0.05~0.1 Gs；地磁倾角、偏角等也会有相应变化。因此，开展实验时，需要将地磁场模拟装置放在木桌上，离地面0.5 m以上，且置于较大的室内中央位置。

# 第三节　制作可移动直流供电装置

为了满足地磁场模拟装置的可移动性和野外操作要求，笔者制作了可移动直流供电装置。实验要求输出电流范围：0 ~ 1.000 A，而地磁场模拟装置的线圈内阻为69.4 Ω。

考虑到实际线圈长度可能更长，再加上连接导线、测量设备的电阻，故选配80 V的电源；考虑到安全因素，将电源最大电流定为4 A以上。照此标准购置锂电池组。

电源控制器需要输出的电压（电流）有高低二挡，分别用于测量磁矩和模拟古地磁场。为了方便、安全起见，分别采用80 V外置电源和12 V内置电源，经电源控制器调节后输出。

综合以上因素，电源控制器电路设计图、结构与外观设计图如（A-7 ~ A-8）：该装置实物如图A-9 ~ 图A-11：

该电源调节器使用方法如下：

打开仪表：将电源控制器的输入端连接80 V电池组，输出端连接地磁场模拟装置，打开外置电源开关，此时外置电源工作指示灯亮起；按下仪表电源工作与充电开关"−"键，此时仪表电源工作指示灯亮起。

高、低电压输出：按下内/外电源选择开关的"="键，外置电源接通数显表头及电源输出端；调节外置电源旋钮，可输出0 ~ 80 V电压。按下内/外电源选择开关的"−"键，按下内置电源工作与充电开关"−"键，内置电源接通表头及电源输出端；调节内置电源旋钮，可输出0 ~ 12 V电压。连续触按显示功能选择键，可以设置电流、电压和功率的单独/组合显示模式。

充电：按下仪表电源工作与充电开关"="键，可以为仪表电源充电；按下内置电源工作与充电开关"="键，可以为内置电源充电。

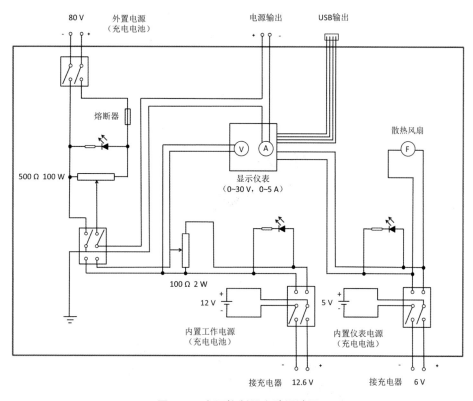

图A-7 电源控制器电路设计图

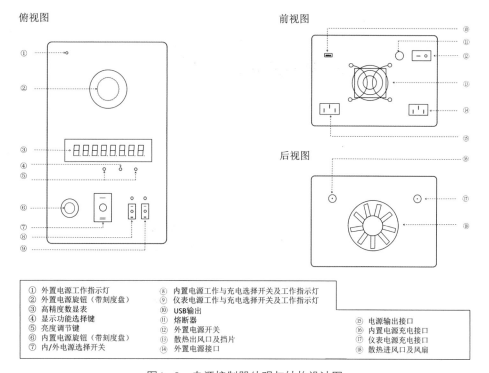

图A-8 电源控制器外观与结构设计图

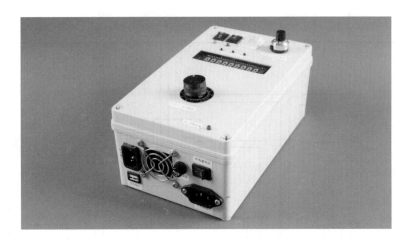

图A-9　电源控制器输入/输出面板

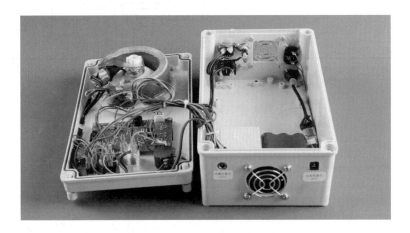

图A-10　电源控制器内部构造

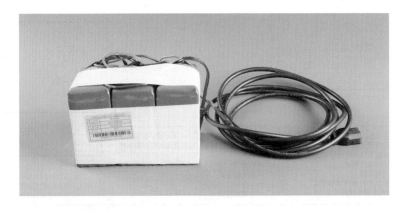

图A-11　80 V 锂电池组

# 附录B

# 研制磁石磁矩测量装置

研制磁石磁矩测量装置是本研究的一个难点。磁石形状特殊、尺度较大，现有的测量设备难以适用。笔者先后设计并初步制作了三种该装置，经过测试和反复比较，最终选定本方案，并制作成功了符合本研究要求的装置。

本装置所用的电阻式应变片传感器、数据芯片和显示屏采用小型电子秤的相关部件，滑台采用品牌产品，其他部件为笔者独立加工。

# 第一节　技术要求

开展古代指南针实证研究需要在加工过程中测量各种形状磁体的磁矩。天然磁石外形不规则，磁化不均匀，经常具有4个以上的磁极；外形尺寸范围约1～10 cm；质量范围约5～500 g。现有的磁矩测量工具都不适用。例如："亥姆霍兹线圈–磁通计"法一方面仅能对方块、圆柱和圆环磁体进行较准确测量；另一方面本实验中，待测磁石样品的尺寸为5～10 cm级别，要将磁石完全包容在均匀区域内，亥姆霍兹线圈的直径当在50 cm以上，磁石与线圈之间的距离大大增加；而磁石为弱磁性，测量精度会显著降低。无定向磁力仪、旋转式磁力仪等对样品的大小和形状都有严格要求，否则会严重影响测量结果。一些新式大型设备虽然可以测量任意形状磁体的磁矩，但其检测腔太小，多数只能容纳1 cm以下尺度的样品。

# 第二节 仪器设计

笔者设计了一套可直接检测任意形状磁体磁矩的装置（图B-1~B-2）。其原理是用电阻应变片测量磁体在亥姆霍兹线圈中所受微小力矩，逐级增加磁感应强度，对磁场和力矩进行线性拟合，则其斜率与磁矩成正比；用已知磁矩的标准样品进行标定，从而得到磁矩值。该方法不受被测物形状限制，可直接测量任意形状和较大尺寸的磁体的整体磁矩，精度和量程满足本研究需求。

先将两个电阻应变片式力传感器安装在测量仪底盘上，平行、对称固定，建议间隔10 mm。

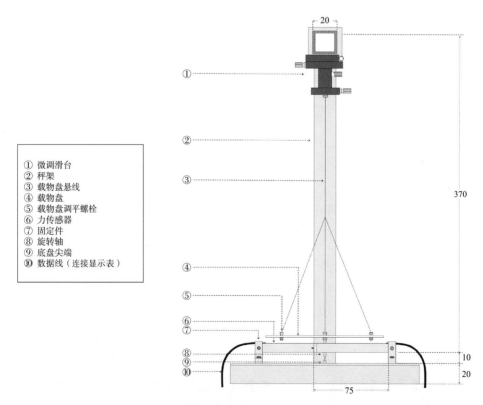

① 微调滑台
② 秤架
③ 载物盘悬线
④ 载物盘
⑤ 载物盘调平螺栓
⑥ 力传感器
⑦ 固定件
⑧ 旋转轴
⑨ 底盘尖端
⑩ 数据线（连接显示表）

图B-1　磁石磁矩测量装置设计图（正视，单位：mm）

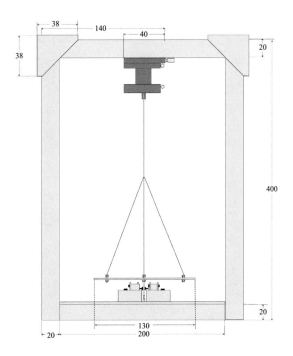

图B-2　磁石磁矩测量装置设计图（侧视，单位：mm）

用细线将载物盘悬吊在微调滑台（*xyzr*四向）正下方；载物盘中心下方固定一个细轴，细轴中部固定一个细长型转动铜片；铜片尺寸为5 mm×15 mm×0.5 mm，水平安置，使其处于力传感器组之间，与力传感器平行。

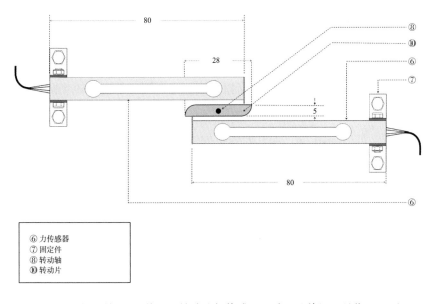

⑥ 力传感器
⑦ 固定件
⑧ 转动轴
⑩ 转动片

图B-3　磁石磁矩测量装置之转动片与传感器设计图（俯视，单位：mm）

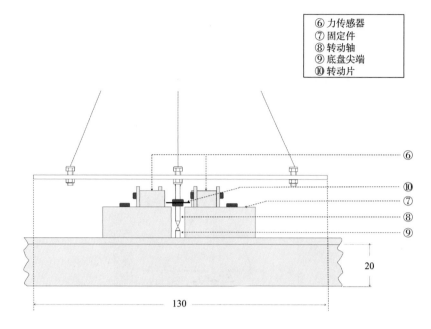

| ⑥ 力传感器 |
| ⑦ 固定件 |
| ⑧ 转动轴 |
| ⑨ 底盘尖端 |
| ⑩ 转动片 |

图B-4　磁石磁矩测量装置之转动片与传感器设计图（侧视，单位：mm）

为了保证磁体所受的力矩通过铜片均等传递到两个力传感器上，将细轴下端做成尖端，并在仪器底盘中央、力传感器组中心点位置安装一个竖直向上的尖端。放置样品前，调节微动滑台$xyz$方向，令载物盘中心轴下方尖端与底盘尖端对齐，使得载物盘中心轴始终保持在力传感器组的中心对称点上。

样品受到的力矩等于样品磁矩、外磁场磁感应强度和两者夹角余弦值三者乘积。测量时，将样品磁矩方向与外磁场垂直方向放置，即令两者夹角余弦值始终等于1，消除角度引起的测量误差。因为本亥姆霍兹线圈产生的外磁场强度很低（3~6 Gs），且与待测磁体磁矩方向垂直，所以不用考虑待测磁体受外磁场的感应磁矩。

目前的高精度力传感器的原理有电阻应变片和电磁式两种。后者的精度比前者高一个数量级，可达到$10^{-4}$ g；但其原理系应用电磁力测量，在磁场中会产生较大误差，不符合本实验使用环境。故此选用精度为$10^{-3}$g的电阻式应变片。

# 第三节　仪器制作

仪器最终成品如图3-20和图B-5所示。

该装置使用的材料包括铝方管、铝板铝条和铝角，SAE 64铜螺栓、铜板，尼龙螺母与螺栓，直径0.5 mm鱼线。

微调滑台使用西格玛LT60-LM型高精交叉导轨移微调平台，可以对$xyz$轴和水平面$r$轴4个方向进行平动、转动微调。

力传感器、计算芯片与数显装置用东莞市南城长协电子制品厂生产的 ml-CF3 高精度电子秤改造而成。电子秤的主要参数如下：

量程：20 g；分度值：0.001 g；单位显示：g、ct、dwt和gn等4种；最小起称：0.010 g。

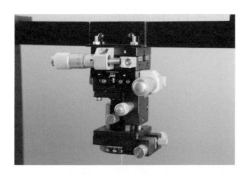

a：西格玛四向微调滑台

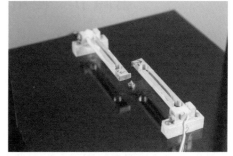

b：力传感器

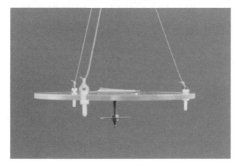

c：载物盘

d：载物盘与底座尖端对准

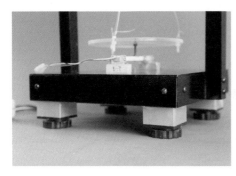 

e：调平旋钮 f：显示仪表

图B-5　磁石磁矩测量装置局部结构

力传感器以桥式电阻应变片为测量元件，以铝精加工件为受力变形元件。测量范围$1 \times 10^{-6} \sim 1 \times 10^{-3}$ N·m，精度$1 \times 10^{-7}$ N·m。

显示屏幕为触屏操作，具有开关、单位转换、归零去皮和计算功能。笔者将两个电子秤的计算芯片和显示屏集成到一个电器盒中，用信号延长线与传感器连接。

# 第四节　使用方法与性能测定

## 一、磁场模拟装置的安放

先将该装置放平稳，远离墙壁和地面，防止墙体内钢筋剩磁产生干扰。再把一枚现代指南针放置于线圈平台上，调节地磁场模拟装置的方向，使线圈轴南北极与地磁场南北极方向相反（对于测量磁石磁矩，也可以同向放置，只对拟合公式的常数项有影响，不影响斜率）。将水平仪放置于线圈平台中央，调节线圈的四个支脚，将平台调至水平。打开电源，接通电流。

## 二、磁石磁矩测量装置的安放

将磁石磁矩测量装置放置在线圈平台中央，顶部横梁沿地磁东西向放置。把水平仪先后放置在磁石磁矩测量装置底盘、秤盘上，调节支脚和载物盘调平螺栓，使磁石磁矩测量装置和载物盘处于水平状态。

三、调节

先保持铜片与力传感器不相接触。打开磁石磁矩测量装置的显示仪表，等两表的示数稳定在0之后，旋转微调滑台的$r$轴，使铜片与力传感器A、B的触头接触，并在两个仪表上有一定示数。再度调节微调滑台的$x$、$y$、$z$轴，使载物盘尖端与底盘尖端对准，并令A、B两个显示仪表的示数相等。

这样做既可以使被测磁体所受力矩均等传递到两个传感器上，还能提前消除铜片与力传感器之间的缝隙，产生的额外力矩在后面的线性拟合中成为常数项，不影响斜率和测量结果。

四、标定

标准样品为镀镍烧结钕铁硼磁铁块（图B-6），牌号N38，外形为正方体，尺寸为10 mm×10 mm×10 mm，其磁矩用"亥姆霍兹线圈-磁通计法"测定，测量情况见表B-1，10次平均值为739.08 emu。所用磁通计和亥姆霍兹线圈均为北京翠海佳诚磁电科技有限责任公司制造（图B-7），磁通计型号WT10A，亥姆霍兹线圈直径300 mm，线圈匝数2000，线圈常数$C$为0.01 cm，内阻为1334 Ω。

图B-6 镀镍烧结钕铁硼磁铁块

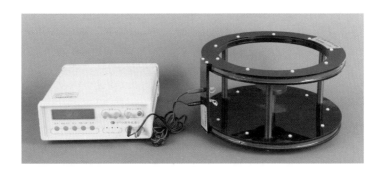

图B-7 数字积分式磁通计与亥姆霍兹线圈

表B-1　标准样品磁矩"亥姆霍兹线圈–磁通计法"测量数据

| 序号 | 1 | 2 | 3 | 4 | 5 | 6 | 7 | 8 | 9 | 10 | 平均值 | 标准差 |
|---|---|---|---|---|---|---|---|---|---|---|---|---|
| 磁矩/emu | 740.51 | 739.47 | 740.21 | 738.55 | 741.32 | 735.58 | 739.22 | 736.83 | 740.46 | 738.69 | 739.08 | 0.295% |

把标准样品放置到载物盘上，使其N极向地磁正东，S极向地磁正西。仔细调节标准样品的水平位置，使得载物盘下部尖端与底盘尖端对准，同时，A、B两个力传感器的示数相等，记下两个示数之和，记为$L$，忽略其单位。为了选取合适数值，经过多次测试，笔者选择将传感器示数单位设定为ct（克拉）。

测量方法有两种：

第一种：标准测量

逐级改变线圈电流$I$，每次增加约0.1 A，按照如上步骤测量8次。磁感应强度使用地磁场模拟装置的"磁场–电流公式"，并将单位统一为A和Gs，即：

$$B = 3.490I + 0.271$$

测量结果如表B-2所示。

对磁感应强度$B$和示数和$L$进行线性拟合，函数如图B-8。

表B-2　标准样品测量数据

| 序号 | 电流$I$/A | 磁感应强度$B$/Gs | A传感器示数 | B传感器示数 | 示数和$L$ |
|---|---|---|---|---|---|
| 1 | 0.111 | 0.659 | 2.200 | 2.225 | 4.425 |
| 2 | 0.206 | 0.990 | 3.040 | 3.070 | 6.110 |
| 3 | 0.306 | 1.339 | 3.920 | 3.955 | 7.875 |
| 4 | 0.407 | 1.692 | 4.825 | 4.855 | 9.680 |
| 5 | 0.508 | 2.044 | 5.725 | 5.765 | 11.490 |
| 6 | 0.609 | 2.396 | 6.805 | 6.820 | 13.625 |
| 7 | 0.714 | 2.763 | 7.755 | 7.770 | 15.525 |
| 8 | 0.816 | 3.119 | 8.515 | 8.550 | 17.065 |

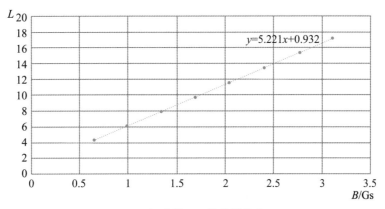

图B-8　标准样品示数线性拟合图

拟合公式为：

$$L = 5.221B + 0.933$$

可以看到，当B为零时，L=0.933。这是放置被测样品之前，为了调节两个传感器受力均匀，转动微调滑台而增加的常数。此常数对测量结果不构成影响。

测量其他样品的磁矩$M_{测}$，仪器操作方式如前所述；同样进行多次测量，对B-L进行线性拟合，得到其斜率$k_{测}$，则：

$$M_{测} = 739.1/5.221\ k_{测} = 141.58k_{测}$$

第二种：快速测量

按照前述方法调好载物盘，令显示屏示数都相等，然后将之清零，在固定电流值（如0.100 A）下，测定标样的示数和，按照地磁场模拟装置的"磁场-电流公式"计算磁感应强度，此时示数和与磁感应强度成正比，建立固定公式，从而快速测算被测样品的磁矩。这样仅需一次测量即可得到结果。但如果测量场所改变，原有"磁场-电流公式"不适用，需要重新测定磁感应强度。而且对于磁矩较小的被测样品，其测量结果会比实际值略为偏低。

笔者在本研究中用该装置所测磁矩均采用第一种方法。

## 五、仪器性能评估

仪器评估主要考察线性度（非线性误差）、重复性，选定合适的精度。

线性度（非线性误差）是传感器校准曲线与拟合直线间的最大偏差与满量程输出的百分比，该值越小，表明线性特性越好。

对于第二种快速测量法，其线性度与传感器、磁场模拟装置及供电系统与电流测量装置相关。线性度测算不用考虑常数项，可以标准样品的测量数据（表B-2）

为例进行测算。

首先建立电流值与示数和的拟合函数，即将$B=3.490I+0.271$代入$L=5.221B+0.933$，即：

$$L=18.223I+2.342$$

分别将各电流值代入上面的函数，计算传感器校准曲线与拟合直线间的偏差见表B-3。可知此次测量$|\Delta L_{max}|=0.185$。

本装置所用单个力传感器的满量程值为20 g，即100 ct，$L$值的最大值为200。如果按照标准算法，则该次测量所反映的第一重线性度为0.0925%。但这次操作由于标样的磁矩不够大，电流虽然已接近到极大值，实测示数和最大值17.065与满量程200还有很大差距。笔者进一步计算了该次测量数据范围内的线性度，即$|\Delta L_{max}|$与计算最大示数和$L'$的比值为1.075%。图B-8对此也有直观的反映。

表B-3 磁石磁矩测量装置线性度数据

| 序号 | 电流I/A | 实测示数和L | 计算示数和L' | 差值 | 示数和L |
|------|---------|-------------|--------------|------|---------|
| 1 | 0.111 | 4.425 | 4.365 | −0.060 | 4.425 |
| 2 | 0.206 | 6.110 | 6.096 | −0.014 | 6.110 |
| 3 | 0.306 | 7.875 | 7.919 | 0.044 | 7.875 |
| 4 | 0.407 | 9.680 | 9.759 | 0.079 | 9.680 |
| 5 | 0.508 | 11.490 | 11.600 | 0.110 | 11.490 |
| 6 | 0.609 | 13.625 | 13.440 | −0.185 | 13.625 |
| 7 | 0.714 | 15.525 | 15.354 | −0.171 | 15.525 |
| 8 | 0.816 | 17.065 | 17.212 | 0.147 | 17.065 |

实际上，在本研究过程中，笔者利用不同样品进行了很多次测算，其非线性误差绝大多数保持在2.5%之内。这已经满足了本研究需求。

对第一种标准测量方法，一个结果要经过多次测量，并进行线性拟合才能得到；其线性度需要对多个已知磁矩的样品进行测量，再线性拟合。所以这里面包含了两重线性度。第一重线性度主要相当于前述快速测量法的线性度。第二重线性度主要与每次操作是否规范有关。测量第二重线性度理论上需要特制一批同等规则形状（正方体或圆柱体或圆环）而磁矩不同的磁体。这种条件尚不具备。但从快速测定法得到的线性度来看，按照前述规范细心操作，本装置能够实现较好的第二重线性度。

该装置的重复性测算也是通过快速测定法来进行。以某磁石样品为例，在0.100 A进行了10次测量，示数和见表B-4。

表B-4　磁石磁矩测量装置的重复性测量数据

| 序号 | 1 | 2 | 3 | 4 | 5 | 6 | 7 | 8 | 9 | 10 |
|------|-----|-----|-----|-----|-----|-----|-----|-----|-----|-----|
| 示数和L | 1.704 | 1.711 | 1.701 | 1.703 | 1.710 | 1.711 | 1.698 | 1.700 | 1.702 | 1.700 |

计算标准差$S$，得：

$$S = \sqrt{\frac{1}{n-1} \sum_{i=1} (x_i - \bar{x})^2} = \sqrt{\frac{1}{n-1} \left[ (x_1 - x)^2 + (x_1 - x)^2 + \cdots + (x_i - x)^2 \right]} \approx 0.02429$$

该标准差为平均值的1.416%。笔者用不同样品，多次进行重复性测试。按照前述规范，细心操作，其标准差均小于2%。

仪器的精度取决于传感器的精度，同时要综合考虑有效线性度、重复性及实际需求，在本课题设计的读数方案中，选取了0.01 emu的精度。

六、校正

该装置使用前，及多次使用后，需要进行校正。其方法，打开磁石磁矩测量装置的显示仪表，将磁石磁矩测量装置横向放倒、水平放置，使得力传感器的受力正方向竖直向下，将随秤附送的20 g标准砝码挂在传感器最外端的螺丝孔中，按动仪表校正键，进行校正。

七、缺点与适用范围

实验中发现该装置测量磁矩较小的磁体结果偏低。其原因是较小磁体所受磁力矩较小，受载物盘和悬线的影响明显所致。同时，该装置需要按照规范细心操作，人为操作不善可能会对结果有较大影响。因此建议采用标准测量方法，或者多次快速测定计算平均值。

# 参考文献

白云翔，2005. 先秦两汉铁器的考古学研究[M]. 北京：科学出版社.

卜则巍，2001. 雪心赋[M]//顾陵冈，徐试可. 地理天机会元. 台北：武陵出版有限公司：44.

岑天庆，2017. 用磁铁磁化复原勺形司南及定向实验研究[J]. 自然辩证法通讯，39（2）：70-75.

岑天庆，熊德永，2015. 勺形司南是磁陨石或用磁陨石磁化制成的研究[J]. 物理教学（8）：75-78.

陈定荣，徐建昌，1988. 江西临川宋墓[J]. 考古（4）：329-334.

陈佳荣，朱鉴秋，2016. 中国历代海路针经[M]. 广州：广东科技出版社.

陈元靓，1990. 事林广记：癸集卷十二[M]. 影印本. 上海：上海古籍出版社.

程军，2007.“司南”词意探源[J]. 博物馆研究（3）：38-39.

磁山村志编委会，1990. 磁山村志[G]. 武安：磁山村志编委会：21-22.

崔豹，1960. 古今注[M]//太平御览：第四册. 缩影商务印书馆影印宋本. 北京：中华书局：4211.

戴念祖，2001. 中国科学技术史：物理学卷[M]. 北京：科学出版社：402-403.

戴念祖，2002. 电和磁的历史[M]. 长沙：湖南教育出版社：128，139.

戴念祖，2004. 亦谈司南、指南针和罗盘[C]黄河文化论坛编辑部，黄河文化论坛：第11辑. 太原：山西人民出版社：82-110.

戴念祖，2006. 释司南为“北斗”、“官职”之拙见[J]. 自然科学史研究（3）：298-299.

戴念祖，2014. 再谈磁性指向仪"司南"——兼与孙机先生商榷[J]. 自然科学史研究，33（4）：385-393.

戴叔伦，2010. 戴叔伦诗集校注[M]. 蒋寅，校注. 上海：上海古籍出版社：250.

邓聪，曹锦炎，2015. 良渚玉工——良渚玉器工艺源流论集[M]. 香港：中国考古艺术研究中心：彩版6-12.

邓兴惠，李东节，1965. 北京地区史期地磁场及其变化的研究[J]. 地球物理学报，14（3）：181-196.

丁格兰，1940. 中国铁矿志[M]. 农商部地质调查所：附图.

段成式，1985. 酉阳杂俎：第三册[M]. 北京：中华书局.

方以智，1937. 物理小识（二册）[M]. 上海：商务印书馆：202.

房玄龄，褚遂良，许敬宗，等，1997. 晋书[M]. 北京：中华书局：1555.

冯立昇，关晓武，张治中，2016. 工具机械[M]. 郑州：大象出版社：161-167.

凤凰山167号汉墓发掘整理小组，1976. 江陵凤凰山一六七号汉墓发掘简报[J]. 文物（10）：34.

古方，2005. 中国出土玉器全集，第五卷[M]. 北京：科学出版社：52.

顾颉刚，2012. 秦汉的方士与儒生[M]. 北京：北京出版社.

关增建，2005. 指南针理论在中国历史上的演变[J]. 自然科学史研究，24（2）：128-143.

关政军，2003. 磁罗经技术[M]. 大连：大连海事大学出版社：10.

管辂，1934. 管氏地理指蒙[M]//陈梦雷. 古今图书集成：艺术典，第655卷，汇考5. 影印本. 上海：中华书局：18.

管子，2015. 管子[M]. 房玄龄，注. 刘绩，补注. 刘晓艺，校点. 上海：上海古籍出版社.

鬼谷子，1985. 鬼谷子[M]. 据嘉庆十年（1805年）江都泰氏刻本影印. 北京：中国书店：7A.

郭贻诚，2014. 铁磁学[M]. 北京：北京大学出版社.

韩汝玢，1998. 中国早期铁器（公元前5世纪以前）的金相学研究[J]. 文物（2）：87-96.

韩汝玢，柯俊，2006. 中国科学技术史：矿冶卷[M]. 北京：科学出版社.

郝铁川，1987. 周公本为巫祝考[J]. 人文杂志（5）：75-78.

何清谷，2005. 三辅黄图校释[M]. 北京：中华书局：59-60.

河南省文物研究所，三门峡市文物工作队，1992.三门峡上村岭虢国墓地M2001发掘简报[J].华夏考古（3）：104-113.

湖北荆沙铁路考古队包山墓地整理小组，1988.荆门市包山楚墓发掘简报[J].文物（5）：10.

华同旭，1990.“旁罗”考[J].中国科技史料，11（3）：88-89.

黄晖，1990.论衡校释：卷十七[M].北京：中华书局：759.

黄朴民，王子今，孙家洲，等，2013.中国文化发展史：秦汉卷[M].山东教育出版社.

黄兴，2014.中国古代冶铁竖炉炉型研究[D].北京：北京科技大学：85-86.

黄兴，2017a.中国古代司南与指南针研究文献综述[J].自然辩证法通讯，39（3）：85-94.

黄兴，2017b.天然磁石勺“司南”实证研究[J].自然科学史研究，36（3）：361-386.

黄兴，潜伟，2013.木扇新考[M]//技术：历史、遗产与文化多样性——第二届中国技术史论坛论文集.北京：科学普及出版社：84-91.

纪昀，1998.阅微草堂笔记[M].杭州：浙江古籍出版社：340-341.

蒋宏杰，赫玉建，刘小兵，等，2007.河南南阳陈棚汉代彩绘画像石墓[J].考古学报（2）：233-266.

金履祥，1986.资治通鉴：前编：卷一[M]//纪昀，文渊阁四库全书.台北：台湾商务印书馆：7A.

寇宗奭，1985.本草衍义[M].据十万卷楼丛书本排印.北京：中华书局：24.

雷敩，1986.雷公炮炙论[M].王兴法，辑校.上海：上海中医学院出版社：54-55.

李发林，1965.略谈汉画像石的雕刻技法及其分期[J].考古（4）：199-204.

李昉，李穆，徐铉，等，1960.太平御览[M].缩影商务印书馆影印宋本.北京：中华书局.

李吉甫，1983.元和郡县志：卷一[M]//纪昀，文渊阁四库全书.台北：台湾商务印书馆：17.

李晋江，1992.指南针、印刷术从海路向外西传初探[J].福建论坛（文史哲版）（12）：65-68.

李零，2006a.中国方术正考[M].北京：中华书局.

李零，2006b.中国方术续考[M].北京：中华书局.

李明，2004. 中国近事报道（1687-1692）[M]. 郭强，龙云，李伟，译. 郑州：大象出版社：204-206.

李强，1992. 指南鱼复原试验[J]. 中国历史博物馆馆刊（18-19）：179-182.

李强，1993. 司南的出现、流传及其消逝[J]. 中国历史博物馆馆刊（2）：7，46-49.

李强，2016. 关于王振铎复原司南的思路兼与孙机同志商榷[J]. 华夏文明（7）：23-37.

李筌，1996.《太白阴经》译注[M]. 刘先廷，译注. 北京：中华书局：207.

李时珍，2004. 本草纲目：校点本上、下册[M]. 2版. 北京：人民卫生出版社：583-586.

李志超，1998. 天人古义[M]. 郑州：大象出版社：325.

李志超，2004a. 王充司南新解[J]. 自然科学史研究（4）：364-365.

李志超，2004b. 再议司南[C]//黄河文化论坛编辑部. 黄河文化论坛：第11辑. 太原：山西人民出版社：69-77.

郦道元，2001. 水经注[M]. 陈桥驿，注释. 杭州：浙江古籍出版社：293.

廖明春，2013. 中国文化发展史：先秦卷[M]. 济南：山东教育出版社.

林文照，1985. 磁罗盘在中国发明的社会因素[J]. 自然辩证法通讯（5）：49-56.

林文照，1986. 关于司南的形制与发明年代[J]. 自然科学史研究（4）：310-316.

林文照，1987. 天然磁体司南的定向实验[J]. 自然科学史研究（4）：314-322.

刘安，2010. 淮南子[M]. 杨有礼，注说. 开封：河南大学出版社.

刘秉正，1956. 我国古代关于磁现象的发现[J]. 物理通报（8）：458-462.

刘秉正，1986. 司南新释[J]. 东北师大学报（自然科学版）（1）：35-41.

刘秉正，1995. 司南是磁勺吗？[C]//何丙郁，席泽宗. 中国科技史论文集. 台湾：联经出版社，153-176.

刘秉正，2006. 再论司南是磁勺吗？——兼答戴念祖先生[J]. 自然科学史研究（3）：284-297.

刘秉正，刘亦丰，1997. 关于指南针发明年代的探讨[J]. 东北师大学报（自然科学版）（4）：23-26.

刘椿，1991. 古地磁学导论[M]. 北京：科学出版社.

刘洪涛，1985. 指南针是汉代发明[J]. 南开学报（2）：66-70.

刘献廷，1957. 广阳杂记[M]. 北京：中华书局：40.

刘昫，1975. 旧唐书[M]. 北京：中华书局：5200.

刘亦丰，刘亦未，刘秉正，2010. 司南指南文献新考[J]. 自然辩证法通讯（5）：54-59.

吕不韦，1986. 吕氏春秋[M]. 高诱，注. 上海：上海书店：92.

吕锡琛，1991. 道家、方士与王朝政治[M]. 长沙：湖南出版社：27-154.

吕作昕，吕黎阳，1994. 古代磁性指南器源流及有关年代新探[J]. 历史研究（4）：34-46.

马克思，1978. 机器。自然力和科学的应用[M]. 自然科学史研究所，译. 北京：人民出版社：67.

毛泽东，1952. 毛泽东选集[M]. 北京：人民出版社：615.

茆泮林，1917. 淮南万毕术·列仙传[M]. 龙溪精舍本. 潮阳郑氏出版.

梅森，1980. 自然科学史[M]. 周煦良，全增嘏，傅季重，译，上海：上海译文出版社.

欧阳修，1975. 新唐书：卷169[M]. 北京：中华书局：5152.

潘吉星，2002. 中国古代四大发明：源流、外传及世界影响[M]. 合肥：中国科学技术大学出版社.

潘吉星，2004. 指南针源流考[C]//黄河文化论坛编辑部. 黄河文化论坛第11辑. 太原：山西人民出版社：16-68.

潘吉星，2012. 中外科学技术交流史论[M]. 北京：中国社会科学出版社.

潘岳，2005. 潘岳集校注[M]. 董志广，校注. 修订版. 天津：天津古籍出版社：9.

佩兰特，2007. 岩石与矿物——自然珍藏图鉴丛书[M]. 谷祖纲，李桂兰，译. 2版. 北京：中国友谊出版公司：60 .

卿希泰，唐大潮，2006. 道教史[M]. 南京：江苏人民出版社：28-29.

丘光明，邱隆，杨平，2001. 中国科学技术史：度量衡卷[M]. 北京：科学出版社，287-298，447.

山西省文管会侯马工作站，1959. 侯马东周时代烧陶窑址发掘记要[J]. 文物（6）：44.

山下，1924. 指南车与指南针无关系考[J]. 文圣举，译. 科学，9（4）：398-408.

沈括，1998. 梦溪笔谈[M]. 长沙：岳麓书社.

十三经著疏整理委员会，2000. 十三经著疏：周礼著疏[M]. 北京：北京大学出版社：137.

舒良树，2010. 普通地质学[M]. 3版. 北京：地质出版社：32-39.

司马迁，1959. 史记[M]. 北京：中华书局：1389-1395.

宋应星，1994. 天工开物[M]//中国科学技术典籍通汇：综合卷. 据崇祯十年（1637年）初刻本影印. 郑州：河南教育出版社.

苏敬，1981. 唐·新修本草[M]. 尚志钧，辑校. 合肥：安徽科学技术出版社：118.

苏颂，1994. 本草图经[M]. 尚志钧，辑校. 合肥：安徽科学技术出版社：35-36.

孙机，2005. 简论"司南"兼及"司南佩"[J]. 中国历史文物（4）：4-110.

孙机，2006. 简论"司南"[M]//张柏春，李成智. 技术史研究十二讲. 北京理工大学出版社：29-46.

孙机，2014. 中国古代物质文化[M]. 北京：中华书局：417-422.

孙力，2007. 史前琢玉工艺的模拟实验研究[J]. 辽宁省博物馆馆刊（2）：225-240.

孙英刚，2015. 神文时代：谶纬、术数与中古政治研究[M]. 上海：古籍出版社.

谭冠法，1958. 实用磁罗经学[M]. 北京：科学技术出版社：86.

谭曦，刘军，殷建玲，2012. 正方形亥姆霍兹线圈的磁场均匀性[J]. 光学仪器，34（1）：39-44.

陶弘景，1994. 本草经集注[M]. 尚志钧，尚元胜，辑校. 北京：人民卫生出版社：157.

陶培培，2014. 十六、十七世纪之交的西方磁现象探索之研究[D]. 上海：上海交通大学.

陶宗仪，1998. 南村辍耕录[M]. 文灏，点校. 北京：文化艺术出版社：343-344.

王斌，2011. 中国传统制针兴衰初探———兼及社会背景考察[J]. 中国科技史杂志（1）：38-48.

王充，1991. 论衡[M]. 陈蒲清，点校. 长沙：岳麓书社.

王从好，2006. 古代堪舆著作中关于指南针发明和应用的早期史料研究[D]. 上海：华东师范大学：9-26.

王冠倬，1989. 罗盘及辅助方位盘——关于船用罗盘[J]. 中国历史博物馆馆刊（12）：80，88-89.

王国忠，1992. 李约瑟与中国[M]. 上海：上海科学普及出版社：183-184.

王勤金，吴炜，徐良玉，1987. 江苏仪征胥浦101号西汉墓[J]. 文物（1）：1-13.

王玉德，杨昶，1993. 神秘文化典籍大观[M]. 南宁：广西人民出版社：261.

王兆生，1994. 龙烟铁矿矿区发现辽代炼铁遗址[J]. 文物春秋（1）：83-85.

王振铎，1948a. 司南指南针与罗经盘——中国古代有关静磁学知识之发现及发明（上）[J]. 中国考古学报（3）：119-259.

王振铎，1948b. 司南指南针与罗经盘——中国古代有关静磁学知识之发现及发明（中）[J]. 中国考古学报（4）：185-223.

王振铎，1948c. 司南指南针与罗经盘——中国古代有关静磁学知识之发现及发明（下）[J]. 中国考古学报（5）：101-176.

王振铎，1978. 中国古代磁针的发明和航海罗经的创造[J]. 文物（3）：53-61.

王振铎，1989. 科技考古论丛[M]. 北京：文物出版社.

王志军，倪牟翠，何越，2013. 质子旋进磁力仪测定地磁场强度[J]. 大学物理实验（5）：73-75.

魏刚，2007. 西安磁石门遗址真假起争议[N]. 西部时报，06-08（10）.

魏青云，李东节，曹冠宇，等，1982. 北京地区地磁倾角的长期变化[J]. 地球物理学报，25（增刊）：644-649.

魏青云，李东节，曹冠宇，等，1984. 近六千年间的磁极移动曲线[J]. 地球物理学报，27（6）：562-572.

闻人军，1988. 南宋旱罗盘的发明之发现[J]. 杭州大学学报（哲学社会科学版）（4）：148.

闻人军，1990. 南宋堪舆旱罗盘的发明之发现[J]. 考古（12）：1127-1131.

闻人军，2015. 原始水浮指南针的发明——"瓢针司南酌"之发现[J]. 自然科学史研究（4）：450-460.

吴承洛，1984. 中国度量衡史[M]. 据商务印书馆1937年版复印. 上海：上海书店：73-74.

陈建立，毛瑞林，王辉，等，2012. 甘肃临潭磨沟寺洼文化墓葬出土铁器与中国冶铁技术起源[J]. 文物（08）：45-53，2.

徐琳，2011. 中国古代治玉工艺[M]. 北京：紫禁城出版社.

许洞，2004. 虎钤经[M]. 刘乐贤，整理. 济南：山东画报出版社：42.

杨伯达，1992. 中国古代玉器概述：砣机的发明是琢玉工艺史上的一次技术革命[M]//中国玉器全集·1·原始社会. 石家庄：河北美术出版社：概论.

冶金工业部邯邢冶金矿山管理局，1987. 邯邢冶金矿山志：第1卷[M]. 湖北省汉川县印刷厂印刷：39-40.

伊克昭盟文物工作站，内蒙古文物工作队，1980. 西沟河畔匈奴墓[J]. 文物（7）：5.

佚名，1934. 九天玄女青囊海角经[M]//陈梦雷，古今图书集成：艺术典：第651卷. 汇考1影印本. 上海：中华书局：16.

佚名，1956. 神农本草经[M]. 顾观光，重辑. 影印本. 北京：人民卫生出版社：53.

佚名，2007. 山海经[M]. 王学典，编译. 哈尔滨：哈尔滨出版社：57.

尹喜，1985. 关尹子[M]. 丛书集成初编影印子汇明刊本. 北京：中华书局：47.

永田武，1959. 岩石磁学[M]. 丁鸿佳，译. 北京：地质出版社：35.

于建设，2004. 红山玉器[M]. 呼和浩特：远方出版社：165.

余格格，2016.《茔原总录》与"磁偏角"略考[J]. 自然科学史研究，35（4）：427-438.

曾公亮 等，1988. 武经总要前集：第15卷[M]. 据明金陵书林刻本影印. 北京：解放军出版社：685.

曾公亮 等，2016. 武经总要前集[M]. 郑诚，整理. 据明嘉靖三十九年山西刻本影印. 长沙：湖南科学技术出版社：889.

张光明，于孔宝，陈旭，2012. 中国冶铁发源地研究文集[M]. 济南：齐鲁书社.

张荫麟，2013. 中国历史上之奇器及其作者[M]//陈润成，李欣荣. 张荫麟全集. 北京：清华大学出版社：973-991.

章炳麟，1924. 指南针考[J]. 华国月刊，1（5）：1-2.

郑庆杨，2017. 更路簿暨南海航道更路经[M]. 香港：天马出版有限公司.

中国地球物理学会，1983. 岩石磁学和古地磁学纲要[R]. 北京：中国地球物理学会：1-29.

中国青铜器全集编辑委员会，1998. 中国青铜器全集：第16卷[M]. 北京：文物出版社：25.

中国社会科学院考古研究所，西安市文物保护考古所阿房宫考古队，2007. 西安市上林苑遗址六号建筑的勘探和试掘[J]. 考古（11）：94-96.

朱岗崑，2005. 古地磁学——基础原理、方法、成果及应用[M]. 北京：科学出版社：243-244.

朱日祥，顾兆炎，黄宝春，1993. 北京地区15000年以来地球磁场长期变化与气候变迁[J].中国科学（B辑），23（12）：1316-1321.

朱彧，1985. 萍洲可谈[M]. 北京：中华书局：18.

庄绰，1983. 鸡肋编[M]. 北京：中华书局：72.

左丘明，1988. 左传[M]. 蒋冀骋，标点. 长沙：岳麓书社：2.

ARTHUR H F，1966. Design of square Helmholtz Coil systems[J]. Review of Scientific Instruments，37：1264-1265.

AUBERT J，TARDUNO J A，JOHNSON C L，2010. Observations and models of the long-term evolution of earth's magnetic field[J]. Space Science Reviews，155（1-4）：337-370.

BAKHMUTO V G，ZAGNTY G F，1990. Secular variation of the geomagnetic field：data from the varved clays of Soviet Karelia[J]. Physics of the Earth and Planetary Interiors，63：121-134.

CAI S H，JIN G Y，TAUXE L，2017. Archaeointensity results spanning the past 6 kiloyears from eastern China and implications for extreme behaviors of the geomagnetic field[J]. Proceedings of the National Academy of the Sciences of the United States of America，114：39-44.

CAI S H，TAUXE L，DENG C L，2016. New archaeomagnetic direction results from China and their constraints on palaeosecular variation of the geomagnetic field in Eastern Asia[J]. Geophysical Journal International，207：1332-1342.

CARLSON J B，1975. Lodestone Compass：Chinese or Olmec Primacy？[J]. Science，189：753-760.

CARMICHAEL R，1990. 岩石与矿物的磁性[J]. 余钦范，译. 国外地质勘探技术（6）.

D.W. 柯林森，1989. 岩石磁学与古地磁学方法[M]. 阚济生，蒋邦本，陈养炎，等译. 北京：地震出版社.

DONADINI F，KORTE M，CONSTABLE C G，2009. Geomagnetic field for 0-3 ka：1.New data sets for global modelling[J/OL]. Geochemgeophys Geosyst，10（6）：1-28. https：//www.researchgate.net/publication/229086711

FUSON R H，1969. The Orientation of Mayan Ceremonial Centers[J]. Annals Assoc. Americangeogr（59）：494-511.

HERBERT A G，2009. Adversaria sinica[M]. Cornell University Library：107-115，219-222.

HIRTH F，1928. The ancient history of China，to the End of Chou Dynasty [J]. 国立中山大学语言历史学研究所周刊（29）：14-20.

KLOKOČNÍK J，KANG F，2017. 古地磁偏角与中国皇帝陵墓朝向的相关性研究[J]. 山西师范大学学报（自然科学版），31（2）：65-77.

KORHONEN K，DONADINI F，RIISAGER P，et al，2008. Geomagia50：an archeointensity database with PHP and My SQL[J/OL]. Geochem Geophys Geosyst，9（4）：1-14. https：//www.researchgate.net/publication/228891612

KORTE M，CONSTABLE C G，2008. Spatial and temporal resolution of millennial scale geomagnetic field model[J]. Advances in Space Research（41）：57-69.

KORTE M，CONSTABLE C，DONADINI F，et al.，2011. Reconstructing the holocene geomagnetic field[J]. Earth & Planetary Science Letters，312（3）：497-505.

KOVACHEVA M，TOSHKOV A，1994. Geomagnetic field variations as determined from Bulgarian archaeomagnetic data part the last 2000 years AD[J]. Surveys in Geophysics，15：673-701.

LI S H，1954. Origine de la Boussole II. Aimant et Boussole[J]. ISIS，45（2）：175-196.

NAGATA T，ARAI Y，MOMOSE K，1963. Secular variation of the geomagnetic total force during the last 5000 years[J]. Journal of Geophysical Research，68（18），5277-5281.

NEEDHAM J，1962. Science and civilisation in China：Vol. IV：1[M]. Cambridge：Cambridge University Press.

SEZGIN F，1982. Geschichte des Arabischen Schrifttums，Vol. XI[M]. Leiden：E. J. Brill：247.

SMITH J，1992. Precursors to Peregrinus：The early history of magnetism and the mariner's compass in Europe[J]. Journal of Medieval History，18：21-24.

Unsigned，1876. The early history of magnetism[J]. Nature（13）：523-524.

Unsigned，1891. Is the mariner's compass a Chinese invention? [J]. Nature，（44）：308-309.

WEI Q Y，LI T C，CHAO G Y，CHANG W S et al.，1981. Secular variation of the direction of the ancient geomantic field variation for Loyang region，China[J]. Physics of the Earth and Planetary Interiors，25：107-112.

WEI Q Y，ZHANG W X，LI D，et al，1987. Geomagnetic intensity as evaluated from ancient Chinese pottery[J]. Nature，328（6128）：330-333.

WYLIE A，1897. Chinese Researches[M]. Shanghai：Mission Press：155.

# 图目录

# 表目录

# 符号清单与单位制换算

| 名称 | 符号 | 国际单位制（SI） | 高斯单位制（CGS） | SI→CGS |
|---|---|---|---|---|
| 磁极强度 | $m$ | Wb | Gs | $\times 10^8/4\pi$ |
| 磁通量 | $\Phi$ | Wb | Mx | $\times 10^8$ |
| 磁偶极矩 | $j_m$ | Wb·m | emu | $\times 10^{10}/4\pi$ |
| 磁矩 | $M$ | A·m$^2$ | emu | $\times 10^3$ |
| 磁场强度 | $H$ | A/m | O$_e$ | $\times 4\pi \times 10^{-3}$ |
| 磁感应强度 | $B$ | T | Gs | $\times 10^4$ |
| 剩余磁感应强度 | $B_{rt}$ | T | Gs | $\times 10^4$ |
| 饱和磁感应强度 | $B_s$ | T | Gs | $\times 10^4$ |
| 磁化强度（体积） | $M_V$ | A/m | emu/ cm$^3$ | $\times 10^{-3}$ |
| 磁化强度（质量） | $M_m$ | | emu/g | |
| 真空磁导率 | $\mu_0$ | H/m | 1 | $10^7/4\pi$（H/m） |

# 后　记

　　本课题是合作导师张柏春研究员选定的中国科学院自然科学史研究所博士后研究专题。研究工作启动于2014年6月，主要内容完成于2016年6月，其后又做补充和修改。

　　笔者在研究工作中得到了张柏春研究员的指导和帮助。

　　在野外调查、理论分析、研制设备、开展实验、出站报告以及撰写书稿等各个阶段，笔者也得到了诸多学界前辈的指导和帮助。

　　在实验得到初步结果后，笔者多次向戴念祖先生汇报，得到充分肯定和进一步指导。本课题研究期间亦多次向华觉明先生请教，了解王振铎先生当年研究指南针的经历。笔者曾多次到潘吉星先生寓所学习，受益良多；潘先生赞同对古代指南针做实证研究，并慷慨提供参考资料。

　　本课题研究期间以及出站报告会上，自然科学史研究所韩琦研究员、罗桂环研究员、苏荣誉研究员、关晓武研究员、韩毅研究员，以及清华大学冯立昇教授给予了很多指导，提供了宝贵意见。冯教授还将其收藏的安徽万安罗盘赠予笔者进行拆解和实验室分析。北京科技大学潜伟教授曾指点笔者到燕山一带寻找磁石矿，李延祥教授对部分实验设计提出过宝贵建议。内蒙古师范大学郭世荣教授向笔者介绍民间传统丧葬礼俗。中国科学院物理研究所崔琦实验室主任吕力研究员对笔者自制的磁石磁矩测量装置小样给予了肯定。山西大学厚宇德教授对古代指南针研究有不少积累和思考，与笔者多有交流。首都师范大学白欣教授给予笔者很多帮助和鼓励，并介绍与首师大物理系王海副教授座谈。笔者多次拜访国家博物馆副研究馆员李强先生，了解王振铎先生生平和研究指南针的经历。李先生还将其珍藏的王先生当年制作的3枚磁石勺和剩余磁石矿交给笔者进行测试和取样分析。

在武安磁山考察期间，磁山博物馆馆长张海江先生在夏至日带我爬山寻找磁石，隆冬时节又带我访问磁山村委会，收集村志等资料。在龙烟矿区考察期间，沈焕库先生驱车带我调研，并介绍其他社会人士热情相助。笔者在龙烟矿区及周边村庄还得到了多位热心人士的指点，终于找到了稀见的磁石矿。可惜仓促之间未能记下他们的姓名。

笔者在初步完成实验研究后，中国科学院自然科学史研究所科研处邀请中国科学院物理所吕力研究员、磁学国家重点实验室主任胡凤霞研究员、课题组长韩秀峰研究员，地质与地球物理研究所杜爱民研究员，自然科学史研究所林文照研究员五位专家对本研究进行了联合评议和鉴定，认为"该研究引用理论和数据科学、准确，自制装备设计合理、数据可信，结论可靠，为解决长期存在的学术争议提供了新的实验依据，达到了较高的学术水准"。

本书出版之前，笔者曾将部分研究构想和实验结果在学术刊物上发表。戴念祖先生、闻人军先生等作为审稿人提供了宝贵意见。已逝刘秉正先生的哲嗣刘亦未先生关于司南的考证和文献解读与笔者多有邮件交流，并慷慨提供古文献检索信息，为笔者的下一步研究提供了帮助。本书编辑山东教育出版社任军芳女士仔细校对书稿，付出了大量心血。

中国科学院自然科学史研究所方一兵研究员、郭园园副研究员、魏毅副研究员、张志会副研究员、周文丽副研究员、郑诚副研究员、李亮副研究员、潘澍原博士、吴世磊工程师等同事通过多种途径为笔者提供帮助、便利和支持。

笔者向长期以来培育、指导我的各位前辈学者，关心、帮助我各位同事、好友，以及山东教育出版社致以真诚的敬意和衷心的感谢！

笔者的父母和妻子长期以来一直全力支持本人的学业和事业，毫无怨言地承担了几乎全部辅育子女和家庭事务的重任，保证我有充裕的时间开展工作。妻子宁远英曾协助本人完成部分实验。本书也饱含了他们的心血和贡献。

本书定位是重点解决当前研究中与技术相关的难点问题，与读者分享笔者当前研究成果，在内容和体例上突出实证研究。

由于笔者学识所限，本书还存在疏漏和有待提升之处。敬请专家和读者指教！

黄兴

2019年12月26日

于中国科学院中关村基础科学园区

微信扫描二维码
获取本书视频资源